《模具专业课程设计指导丛书》编委会

主　任　杨占尧

委　员（按姓氏笔画排序）

　　　　王高平　杨占尧　杨安民　余小燕

　　　　林承全　黄晓燕　甄瑞鳞　蔡　业

　　　　蔡桂森

模具专业课程设计 指导丛书

模具制造工艺课程设计

指导与范例

甄瑞麟　蔡佳祎　编著　　蔡桂森　主审

化学工业出版社

·北京·

图书在版编目（CIP）数据

模具制造工艺课程设计指导与范例/甄瑞麟，蔡佳祎编著．—北京：化学工业出版社，2008.7（2019.8重印）
（模具专业课程设计指导丛书）
ISBN 978-7-122-03267-6

Ⅰ．模… Ⅱ．①甄…②蔡… Ⅲ．模具-制造-工艺-高等学校-教学参考资料 Ⅳ．TG760.6

中国版本图书馆 CIP 数据核字（2008）第 099740 号

责任编辑：李军亮　　　　　　　文字编辑：项　潋
责任校对：蒋　宇　　　　　　　装帧设计：尹琳琳

出版发行：化学工业出版社（北京市东城区青年湖南街 13 号　邮政编码 100011）
印　　装：大厂聚鑫印刷有限责任公司
787mm×1092mm　1/16　印张 12　字数 291 千字　2019 年 8 月北京第 1 版第 5 次印刷

购书咨询：010-64518888　　　售后服务：010-64518899
网　　址：http://www.cip.com.cn
凡购买本书，如有缺损质量问题，本社销售中心负责调换。

定　　价：36.00 元　　　　　　　　　　　　　　　　　　　　　　版权所有　违者必究

序

  模具作为重要的生产装备和工艺发展方向，在现代工业的规模生产中日益发挥着重大作用。通过模具进行产品生产具有优质、高效、节能、节材、成本低等显著特点，因而在汽车、机械、电子、轻工、家电、通信、军事和航空航天等领域的产品生产中获得了广泛应用。目前我国模具市场的总态势是产需两旺，年生产总量已居世界第三，但我国模具行业总体是大而不强，主要差距是人才不足，专业化、标准化程度低等，特别是人才不足已成为制约模具行业发展的瓶颈。

  目前，我国已有高职高专院校 1100 多所，在校学生接近 800 万人，这些高职高专院校中 75% 以上开设了制造大类的专业，开设模具设计与制造专业的有近 400 所院校，每年培养几十万的制造业急需人才。为了顺应当前我国高职高专教育的发展形势，配合高职高专院校提高教育质量，进一步落实教育部 [2006] 14 号文和 [2006] 16 号文精神，化学工业出版社特别组织河南高等机电专科学校、荆州职业技术学院、陕西国防工业职业技术学院、成都电子机械高等专科学校、河南工业大学、河南新飞电器有限公司、浙江宏振机械模具集团有限公司、台州市西得机械模具有限公司等单位相关专家，编写了一套能够系统讲解模具专业课程设计方面的图书——《模具专业课程设计指导丛书》，包括《冲压模具课程设计指导与范例》、《塑料模具课程设计指导与范例》、《模具制造工艺课程设计指导与范例》等。本套丛书的编写者和审定者都是从事高职高专教育和模具企业生产第一线有丰富实践经验的骨干教师、学者和工程师。

  本套丛书根据高职高专学生的培养目标，十分强调实践能力和创新意识的培养，以模具课程设计这一主线贯穿于整套丛书。该套丛书具有以下主要特色。

  ① 特别重视对高等职业教育所面向的基本岗位分析。结合职业教育的特点，深度分析模具专业所面对的产业基础、发展导向和岗位特征，充分体现高等职业教育的类型特色。

  ② 多方参与。充分利用各种资源，尤其是行业企业的资源，在学校参与的基础上，着重行业企业的参与，引进他们的标准。

  ③ 聘请高职模具专业领域认可度较高的专家指导，同时请外籍专家提供咨询。

  ④ 丛书的编写以企业对人才需求为导向，以岗位职业技能要求为标准，以与企业无缝接轨为原则，以企业技术发展方向为依托，以知识单元体系为模块，结合职业教育和技能培训实际情况，注重学生职业技能的培养。

  本套丛书以职业院校模具专业课程设计要求为依据，以指导读者有效地进行课程设计为目的，强调实用性，包括模具课程设计的目的和任务、工艺分析与设计过程、设计的基本要点以及典型实例分析等内容。同时特别注重实例的讲解，以方便读者的理解和掌握。

  本套丛书可供职业技术院校模具专业的师生使用，也可供从事模具设计与制造的技术人员学习使用。

杨占尧

前言

　　本书是为适应当前我国高职高专教育发展的需要,配合"国家示范性高等职业院校建设计划",体现高职高专教育办学特色,促进示范建设院校专业(群)核心课程建设,打造高职高专精品教材,本着"工学交替、做中得学、工学合一"的宗旨,在反复论证、多方征求意见的基础上编写而成的。

　　本书是为《模具制造技术》、《模具制造工艺学》而配套的课程设计指导书。书中以全新的课程体系、大量的范例,将模具制造课程设计中所涉及的问题进行了全面、详细的总结。

　　本书以冷冲模和型腔模中的典型模具为例,从制件图到完整的装配图再到各个零件图,都进行了较详尽的工艺分析。特别是对模具中的主要零件都编出了工艺过程,并指出了这些工艺过程在课程设计中的具体运作方法及需要注意的问题。同时又针对不同模具的装配规律,指出了各类模具的装配方法,并就装配后在试模中出现的问题,提出了相应的对策。经我们多年的教学实践,如能按这种设计思路完成好每一个环节,那么,学生毕业后就可以直接上岗。

　　本书在编写中根据高等职业教育的特点,模具设计与制造的专业培养目标和教学要求,力求突出适用性和适度性,以体现高等职业教育特色和行业教育特色。本书从模具专业学生能尽快适应实际工作的特点出发,本着专门知识够用为度,突出对学生从事实际工作的基本能力和基本技能的培养,将模具设计与制造专业的模具制造课程设计中所涉及的相关知识和范例进行了科学的优化组合,力求突出实用性、系统性和知识的综合应用性,并从企业对人才要求的角度,将课堂教学、现场教学及课程设计融为一体,以全新的课程体系献给高职高专模具专业的教改。

　　本书由陕西国防工业职业技术学院甄瑞麟教授、浙江宏振机械模具集团有限公司总工程师蔡佳祎编著,由浙江宏振机械模具集团有限公司董事长、总经理蔡桂森主审。本书在编著过程中得到台州黄岩机械模具职业学校苏伟等同志的大力支持,谨此致谢!

　　由于笔者水平有限,书中难免有不妥之处,恳请广大读者批评指正。

编著者

目 录

第1章 模具制造工艺课程设计综述

1.1 模具制造工艺课程设计的目的与要求 …………………………………… 1
1.2 模具制造工艺课程设计的内容、方法、步骤 …………………………… 2
1.3 要点说明与设计成绩的考核 ……………………………………………… 4

第2章 模具制造工艺课程设计指导

2.1 设计任务书 ………………………………………………………………… 7
2.2 设计说明书 ………………………………………………………………… 8
2.3 模具零件制造工艺课程设计说明书范例 ………………………………… 9

第3章 冲压模具制造工艺课程设计范例详解

3.1 冲裁模制造范例 …………………………………………………………… 12
　3.1.1 冲裁模主要零件的制造工艺分析 ………………………………… 12
　3.1.2 冲裁模主要零件的制造工艺范例 ………………………………… 42
　3.1.3 冲裁模的装配要点与调整 ………………………………………… 58
3.2 拉深模制造范例 …………………………………………………………… 66
　3.2.1 拉深模主要零件的制造工艺分析 ………………………………… 66
　3.2.2 拉深模主要零件的制造工艺范例 ………………………………… 67
　3.2.3 拉深模的装配要点与调整 ………………………………………… 77
3.3 弯曲模制造范例 …………………………………………………………… 78
　3.3.1 弯曲模主要零件的制造工艺范例 ………………………………… 78
　3.3.2 弯曲模的装配要点与调整 ………………………………………… 79

第4章 型腔模制造课程设计范例详解

4.1 型腔模零件的加工 ………………………………………………………… 85
　4.1.1 型腔模主要零件的制造工艺分析 ………………………………… 85
　4.1.2 注塑模主要零件的制造工艺范例 ………………………………… 89
　4.1.3 压铸模主要零件的制造工艺范例 ………………………………… 128

4.2　型腔模的装配 …………………………………………………………… 158
　　　　4.2.1　装配技术要求 …………………………………………………… 158
　　　　4.2.2　各类型腔模装配特点 …………………………………………… 159
　　　　4.2.3　注塑模装配范例 ………………………………………………… 161
　　　　4.2.4　压铸模装配范例 ………………………………………………… 162
　　4.3　型腔模的调试 …………………………………………………………… 163
　　　　4.3.1　调试的目的与内容 ……………………………………………… 163
　　　　4.3.2　模具调试与设计、制造的关系 ………………………………… 164
　　　　4.3.3　注塑模的调试 …………………………………………………… 165
　　　　4.3.4　压铸模的调试 …………………………………………………… 170
　　　　4.3.5　试模后的模具验收 ……………………………………………… 173

附录 ………………………………………………………………………………… 175
　　附录1　常用切削用量表 …………………………………………………… 175
　　附录2　下料尺寸计算 ……………………………………………………… 177

参考文献 ………………………………………………………………………… 178

第 1 章 模具制造工艺课程设计综述

1.1 模具制造工艺课程设计的目的与要求

(1) 设计目的

模具制造工艺课程设计是在学完了模具设计、模具制造技术，进行了生产实习、实训之后的一个教学环节。它一方面要求学生通过设计能获得综合运用所学全部课程进行工艺及结构设计的基本能力外，也为以后作好毕业设计进行一次综合训练和准备。"一个好的设计师，首先必须是一个好的工艺师"，学生通过模具制造课程设计，应在下述各方面得到锻炼。

① 能熟练运用模具设计、模具制造技术课程中的基本理论以及在生产实习、实训中学到的实践知识，正确地解决模具零件在加工前毛坯尺寸的确定，加工中的工艺路线安排、工艺尺寸确定等问题，保证模具零件的加工质量。

② 提高模具结构设计能力。培养通过模具零件工艺规程的设计、检验、修正模具结构设计（衡量所设计的模具零件是否能加工，是否好加工），完善模具设计，设计出高效、经济合理而又能保证加工质量的模具的能力。

③ 学会使用手册及图表资料。掌握与本设计有关的各种资料的名称、出处，并能够熟练运用 CAD/CAM/CAE 软件。

④ 提高选择机床、工艺装备（刀、夹、量具）的能力。

(2) 设计的要求

模具制造工艺课程设计题目一律定为：设计××零件的加工工艺规程

生产纲领为单件或小批生产。

设计的要求包括以下几个部分：

零件图、造型图	各1张
毛坯图	1张
机械加工工艺过程综合卡片	1张
课程设计说明书	1份

课程设计题目由指导教师选定，经教研室主任审查签字后发给学生。

模具制造工艺课程设计总学时数一般为 2 周，其进度及时间分配如下：

① 熟悉零件，画零件图、毛坯图、造型图。时间约占 20%。

② 选择加工方案，确定工艺路线和工艺尺寸，填写工艺过程综合卡片。时间约占 45%。

③ 编写设计说明书。时间约占 25%。
④ 准备及答辩。时间约占 10%。

1.2 模具制造工艺课程设计的内容、方法、步骤

(1) 对零件进行工艺分析，画零件图

学生在得到设计题目之后，应首先对零件进行工艺分析。其主要内容包括：
① 分析零件的作用及零件图上的技术要求；
② 分析零件主要加工表面的尺寸、形状及位置精度、表面粗糙度以及设计基准等；
③ 分析零件的材质、热处理及机械加工、电加工的工艺性。

零件图应按机械制图国家标准仔细绘制。除特殊情况经指导教师同意外，均按 1:1 比例画出（并绘制造型图）。

(2) 选择毛坯的制造方式

毛坯的选择应该从生产批量的大小、零件的复杂程度、加工表面及非加工表面的技术要求、零件的受力状况等几方面综合考虑。正确地选择毛坯的制造方式，可以使整个工艺过程更加经济合理，故应慎重对待。其步骤为：
① 确定毛坯类型，即选择铸件、锻件还是型材等；
② 确定毛坯形状；
③ 规定毛坯精度等级；
④ 确定毛坯余量（查表法）；
⑤ 给出毛坯技术要求；
⑥ 绘制零件-毛坯综合图。

(3) 制订模具零件的机械加工工艺路线

① 制订工艺路线　在对零件进行工艺分析的基础上，制订零件的工艺路线和划分粗、精加工阶段。对于比较复杂的零件，可以先考虑几个加工方案，分析比较后，再从中选择比较合理的加工方案。

② 选择定位基准，进行必要的工序尺寸计算　根据粗、精基准选择原则合理选定各工序的定位基准。当某工序的定位基准与设计基准不相符时，需对它的工序尺寸进行换算。

③ 选择机床及工、夹、量、刃具　机床设备的选用应当既要保证加工质量，又要经济合理。在单件生产条件下，一般应采用通用机床。

④ 加工余量及工序间尺寸与公差的确定　根据工艺路线的安排，要求逐工序逐表面地确定加工余量。其工序间尺寸公差，按经济精度确定。一个表面的总加工余量，则为该表面各工序间加工余量之和。

在本设计中，对各加工表面的余量及公差，学生可根据指导教师的决定，也可在各加工表面留出 4~5mm 的余量。

⑤ 切削用量的确定　在机床、刀具、加工余量等已确定的基础上，要求学生用公式计算 1~2 道工序的切削用量，其余各工序的切削用量可由切削用量手册中查得。

⑥ 画毛坯图　在加工余量已确定的基础上画毛坯图，要求毛坯轮廓用粗实线绘制，零件的实体尺寸用双点画线绘出，比例取 1:1。同时应在图上标出毛坯的尺寸、公差、技术要求、毛坯制造的分模面、圆角半径和起模斜度等。

⑦ 填写机械加工工艺过程综合卡片　将前述各项内容以及各工序加工简图一并填入机械加工工艺过程综合卡片。

(4) 编写设计说明书和准备答辩

学生在完成上述全部工作之后，应将前述工作依先后顺序编写设计说明书一份。要求字迹工整，语言简练，文字通顺。说明书应以 A4 纸书写，四周留有边框，并装订成册。

① 设计说明书的作用　设计说明书作为零件工艺设计的重要技术文件之一，是设计图样加工的基础和理论依据，也是进行设计审核、教师评分的依据。因此，编写说明书是工艺设计工作的重要环节之一。对于课程设计来说，说明书是反映工艺设计思想、工艺设计方法以及工艺设计结果的主要文件，是评判课程设计质量的重要资料。工艺设计说明书是审核工艺设计是否合理的主要技术文件，它在于说明工艺设计的正确性。

从课程设计开始，设计者就应随时逐项记录设计内容、计算结果、分析见解和资料来源。每一设计阶段结束后，随即整理、编写出有关部分的说明书，课程设计结束时，再归纳、整理，编写正式说明书。

② 设计说明书的内容格式

a. 封面。设计说明书封面格式可参考第 2 章。

b. 前言。前言主要是对设计背景、设计目的和意义进行总体描述，使读者对该设计说明书有一个总的了解。

c. 目录。目录应列出说明书中的各项标题内容及其页次，包括设计任务书和附录。

d. 设计任务书。设计任务书一般包含设计要求、使用条件、图样及主要设计参数等。

e. 说明书正文。说明书正文格式可参考表 1-1。

表 1-1　模具制造课程设计说明书正文格式

装订线	设计项目	设计过程	设计结果

说明书正文内容包括：零件在模具中的地位，拟定零件的工艺性分析（零件的作用、结构特点、结构工艺性、关键部位技术要求分析等），零件毛坯的选择，制订零件加工工艺规程，主要表面在加工时应注意的问题及采取的措施。

f. 其他需要说明的内容及设计心得体会。

g. 参考文献。参考文献前编列序号，以便正文引用。

③ 设计说明书的要求　说明书要求内容完整，分析透彻，文字简洁通顺，计算结果准确，书写工整清晰，并按合理的顺序及规定的格式编写。计算部分只需写出计算公式，代入有关数据，即直接得出计算结果，不必写出全部运算及修改过程。

编写设计计算说明书时应注意：

a. 设计说明书应按内容顺序列出标题，做到层次清楚，重点突出。计算过程列出计算公式，代入有关数据，写出计算结果，标明单位，并写出根据计算结果所得出的结论或说明。

b. 引用的计算公式或数据要注明来源，主要参数、尺寸、规格和计算结果可在每页右侧计算结果栏中列出。

c. 为清楚地说明计算内容，设计说明书中应附有必要的简图（如工序图等）。

d. 设计说明书要用钢笔或用计算机按规定格式书写或打印在 A4 纸上，按目录编写内容、标出页码，然后左侧装订成册。

④ 答辩准备及成绩考核

a. 答辩是课程设计教学过程的最后环节，准备答辩的过程也是系统回顾、总结和学习的过程。总结时应注意对以下方面深入剖析：零件在模具中的地位，拟定零件的工艺性分析（零件的作用、结构特点、结构工艺性、关键部位技术要求分析等），零件毛坯的选择，制订零件加工工艺规程，主要表面在加工时应注意的问题及采取的措施，工艺性和使用维护性等。全面分析所设计加工工艺的优缺点。在做出系统总结的基础上，通过答辩，找出设计计算和图样中存在的问题和不足，把还不甚清晰或尚未考虑到的问题分析理解清楚，深化设计成果，使答辩过程成为课程设计中继续学习和提高的过程。

b. 课程设计的全部图样及说明书应有设计者及指导教师的签字。未经指导教师签字的设计，不能参加答辩。由教研室教师组成答辩小组。设计者本人应首先对自己的设计进行 10～15min 的讲解，然后进行答辩。每个学生的答辩总时间，一般不超过 30～40min。课程设计成绩根据平时的工作情况、工艺分析的深入程度、工艺装备的选择水平、图样的质与量、独立工作能力以及答辩情况综合衡量，由答辩小组讨论评定。

c. 通过课程设计答辩，教师可根据设计图样、设计说明书和答辩中回答问题的情况，并考虑学生在设计过程中的表现，综合评定成绩。答辩成绩定为五级：优秀、良好、中等、及格和不及格。

1.3 要点说明与设计成绩的考核

(1) 要点说明

① 零件-毛坯综合图绘制方法　零件-毛坯综合图实质上是一个叠加图。综合图＝零件图＋简化的毛坯图。

a. 零件-毛坯综合图目的　使工艺人员明确从毛坯到零件，其形状和尺寸形成过程，表明了零件加工工艺对毛坯的要求，作为设计毛坯图的依据（也可代替毛坯图使用）。

b. 画法

ⓐ 画出零件图（生产中直接采用零件图，在零件图纸上绘制综合图）。

ⓑ 在零件图上找出加工表面，用红色线将毛坯余量叠加在加工表面上。其中要求：

· 需要在毛坯实体上加工的孔、槽，用红色线画×；

· 红色交叉网状线表示毛坯余量；

· 用红色线标注加工表面的毛坯尺寸及其公差和余量（余量值不要注公差）；

· 在零件-毛坯综合图上注明对毛坯的技术要求。

② 机械加工工艺过程综合卡格式　其规格根据工厂的习惯选用。

③ 选定切削用量的原则

a. 首先确定背吃刀量 a_p　粗加工选取尽可能大的背吃刀量，中等功率机床上，背吃刀量 a_p 值可达 8～10mm；半精加工背吃刀量 a_p 为 0.5～2mm；精加工背吃刀量 a_p 为 0.1～0.4mm。

b. 其次选定进给量 f　按查表法选择，粗加工中进给量选择"进给量推荐表"中较大的值，但由此产生切削力增大，所以选定进给量后，应计算所需要切削功率，切削功率必须小于机床所能提供的功率。精加工时，要根据加工表面粗糙度的要求，选择合理的进给量

(具体数值可查阅《机械加工工艺手册》)。

c. 最后选定切削速度　采用计算法或查表法选定切削速度，选用查表法时，初学者应选择"切削速度推荐表"中较小的值；计算法选定切削速度可参考《机械加工工艺手册》。

④ 选择切削用量的实用方法

按下述步骤选择切削用量。

a. 选择背吃刀量 a_p　一般情况下 1 次切除余量，即 a_p 等于余量。

b. 选择机床转速 n　采用查表法（查附录 1 中的表），初选切削速度值；计算出机床主轴转速；从所用机床的主轴转速级中，按照与计算值相近的值，选定主轴转速 n；由该选定的转速值计算出实际切削速度值 v_c。

c. 选定进给量 f　采用查表法（查附录 1 中的表），初选进给量值（单位为 mm/r 或 mm/z）。由初选值计算出进给速度 v_f(mm/min)；从所用机床的进给速度级中，按照与计算值相近的值，选定进给速度值；由该选定的进给速度值计算出实际进给量 f。

d. 粗加工中背吃刀量和进给量较大，因此产生的切削力较大，所以选定进给量后，应验算所需要切削功率，切削功率必须小于机床所能提供的功率。精加工时，根据加工表面粗糙度的要求，选择的进给量小，切削功率小，不需要验算切削功率。

⑤ 工序简图的画法要求　在机械加工工艺过程综合卡中采用工序简图表明一道工序加工工艺的要求，工序简图的画法如下。

a. 工序简图中工件位置按其加工位置绘出。可按比例缩小，并可简化零件细节，尽量用较少投影绘出。

b. 工序简图中工件上本工序需加工表面用粗实线画，不加工表面用细实线画。

c. 本工序中对工件的定位，夹紧表面用规定符号标明。

d. 只标注本工序的工序尺寸、公差、表面粗糙度及技术要求。

⑥ 专用夹具绘制步骤（选做内容）

a. 绘制夹具装配图。未注尺寸按图上实测尺寸成比例绘制。标注夹具装配图尺寸和技术要求。

b. 分析工件的定位方案及所选择的定位元件，并计算定位误差。

c. 分析刀具的对刀或引导方式。

d. 分析工件的夹紧方案及夹紧机构。

e. 分析夹具及其指定零件，绘制其三维造型图。

⑦ 说明书一般格式　说明书的重点是对工艺设计方案进行论证和分析，充分表达工艺人员在编制工艺过程中考虑各种问题的出发点和最后选择的依据。此外就是有关的计算和说明，给定夹具的工作原理分析。

说明书一般应包括下面项目：

a. 目录；

b. 工艺设计任务书；

c. 零件分析；

d. 确定生产类型；

e. 选择毛坯；

f. 拟定工艺路线；

g. 工序设计（选择机床和工艺装备，确定工序余量、工序尺寸及公差，确定各工序的切削用量，绘制各工序的工序简图，确定工时定额）；

　　h. 给定夹具的工作原理的简单说明，定位方案分析，定位元件的组成，夹紧方案分析，夹紧机构的组成，定位误差的计算等（选作内容）；

　　i. 附参考书和参考资料目录。

（2）设计成绩的考核

　　课程设计的全部图样及说明书应有设计者及指导教师的签字。未经指导教师签字的设计，不能参加答辩。

　　由教研室教师组成答辩小组，设计者本人应首先对自己的设计进行 10～15min 的讲解，然后进行答辩。每个学生的答辩总时间，一般不超过 30～45min。

　　课程设计成绩根据平时的工作情况、工艺分析的深入程度、工艺装备的设计水平、图样的质与量、独立工作能力以及答辩情况综合衡量，由答辩小组讨论评定。

　　答辩成绩定为五级：优秀、良好、中等、及格和不及格。

第 2 章 模具制造工艺课程设计指导

2.1 设计任务书

_____学院

模具制造工艺课程设计任务书

题目：设计"级进冲裁凹模"零件的机械加工
　　　工艺过程及工艺装备（单件生产）

内容：1. 零件图　　　1 张
　　　2. 毛坯图　　　1 张
　　　3. 机械加工工艺过程综合卡片　　1 张
　　　4. 模具装配图　　1 张
　　　5. 课程设计说明书　　1 份

　　　完成时间：　　年　月　日
　　　　　系、专业_____
　　　　　班　　级_____
　　　　　学　　号_____
　　　　　姓　　名_____
　　　　　指导教师_____
　　　　　教研室主任_____

年　月　日

2.2 设计说明书

_____学院

模具制造工艺课程设计说明书

设计题目　设计"级进冲裁凹模"零件的机械加工
　　　　　工艺过程及工艺装备（单件生产）

设计者_____
指导教师_____
_____学院
_____教研室

年　　月　　日

2.3 模具零件制造工艺课程设计说明书范例

序　言

机械制造工艺学课程设计是在我们学完了大学的全部基础课、技术基础课以及大部分专业课之后进行的。这是我们在进行毕业设计之前对所学各课程的一次深入的综合性的总复习，也是一次理论联系实际的训练，因此，它在我们四年的大学生活中占有重要的地位。

就我个人而言，我希望能通过这次课程设计对自己未来将从事的工作进行一次适应性训练，从中锻炼自己分析问题、解决问题的能力，为今后参加祖国的"四化"建设打下一个良好的基础。

由于能力所限，设计尚有许多不足之处，恳请各位老师给予指教。

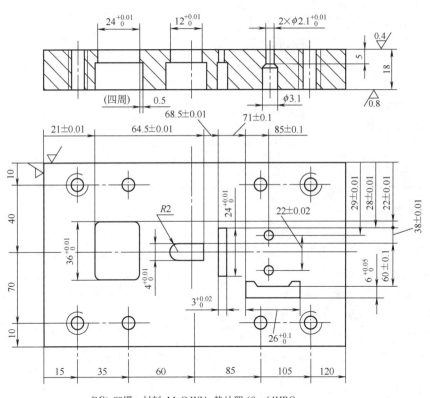

名称:凹模　材料:MnCrWV　热处理:60~64HRC

1）工艺性分析

该零件是级进冲裁模的凹模，采用整体式结构，零件的外形表面尺寸是 420mm×130mm×18mm，零件的成形表面尺寸是三组冲裁凹模型孔，第一组是冲定距孔和两个圆孔，第二组是冲两个长孔，第三组是一个落料型孔。这三组型孔之间有严格的孔距精度要求，它是实现正确级进和冲裁，保证产品零件各部分位置尺寸的关键。再就是各型孔的孔径尺寸精度，它是保证产品零件尺寸精度的关键。这部分尺寸和精度是该零件加工的关键。结构表面包括螺纹连接孔和销钉定位孔等。

该零件是这副模具装配和加工的基准件,模具的卸料板、固定板,模板上的各孔都和该零件有关,以该零件的型孔的实际尺寸为基准来加工相关零件各孔。

零件材料为 MnCrWV,热处理硬度 60～64HRC。零件毛坯形式为锻件,金属材料的纤维应平行于大平面与零件长轴方向垂直。

零件各型孔的成形表面加工,在进行淬火之后,采用电火花线切割加工,最后由模具钳工进行研抛加工。

型孔和小孔的检查:型孔可在投影仪或工具显微镜上检查,小孔应制作二级工具光面量规进行检查。

2) 工艺过程的制定

工序号	工序名称	工序主要内容
1	下料	锯床下料,$\phi 100mm \times 194^{+4}_{0}mm$
2	锻造	锻六方 425mm×135mm×24mm
3	热处理	退火,硬度≤229HBS
4	立铣	铣六方,420mm×130mm×18.6mm
5	平磨	光上、下面,磨两侧面,对 90°角
6	钳	倒角去毛刺,划线,做螺纹孔及销钉孔
7	工具铣	钻各型孔线,切割穿丝孔,并铣漏料孔
8	热处理	淬火、回火 60～64HRC
9	平磨	磨上、下面及基准面,对 90°角
10	线切割	找正,切割各型孔,留研磨量 0.01～0.02mm
11	钳	研磨各型孔

3) 漏料孔的加工

冲裁漏料孔是在保证型孔工作面长度基础上,减小落料件或废料与型孔的摩擦。关于漏料孔的加工主要有三种方式。首先是在零件淬火之前,在工具铣床上将漏料孔铣削完毕。这在模板厚度大于或等于 50mm 的零件中,尤为重要,是漏料孔加工首先考虑的方案。其次是电火花加工法,在型孔加工完毕,利用电极从漏料孔的底部方向进行电火花加工。最后是浸蚀法,利用化学溶液将漏料孔尺寸加大。

4) 下料尺寸与锻压设备的确定

冲裁凹模外形表面应为:420mm×130mm×18mm,凹模零件材料为 MnCrWV。锻件毛坯的外形尺寸为 $425^{+4}_{0}mm \times 135^{+4}_{0}mm \times 24^{+4}_{0}mm$。

① 锻件体积和质量的计算

锻件体积　　　　　$V_{锻}=425 \times 135 \times 24=1377$（$cm^3$）

锻件质量　　　　　$G_{锻}=rV_{锻}=7.85 \times 1377 \approx 10.8$（kg）

当锻件质量在 20kg 之内,一般需加热 3～4 次,锻件总损耗系数取 10%。

锻件毛坯的体积　　　$V_{坯}=1.1 \times V_{锻}=1515$（$cm^3$）

锻件毛坯质量　　　　$G_{坯}=7.85 \times V_{锻}=11.9$（kg）

② 确定锻件毛坯尺寸

理论计算圆棒直径　　　$D_{计}=\sqrt[3]{0.637V_{坯}}=99$（mm）

选取圆棒直径为 $D_{料}=100mm$ 时,圆棒料长度为

$$L_料 = 1.273 V_坯 / D_料^2 = 193 \text{ (mm)}$$

验证锻造比 Y $\qquad Y = L_料 / D_料 = 193/100 = 1.93$

符合 $Y = 1.25 \sim 2.5$ 的要求，则锻件下料尺寸为 $\phi 100 \text{mm} \times 193^{+4} \text{mm}$。

③ 锻压设备吨位的确定　查表，当锻件坯料质量为 11.9kg，材料为 MnCrWV 时，应选取 1000kg 的空气锤。

第3章 冲压模具制造工艺课程设计范例详解

3.1 冲裁模制造范例

3.1.1 冲裁模主要零件的制造工艺分析

(1) 冲裁模的加工特点

这里主要介绍单工序冲裁模、级进模、复合模这三类冲裁模的加工特点。

① 单工序冲裁模　单工序冲裁模加工与制造，可根据图样要求，实行工件单独制作与配作相结合。装配时按图样要求，根据实践经验及习惯作法进行装配，只要能保证凸、凹模间的间隙均匀即可。

② 级进模

a. 级进模的制造一般采用先加工凸模的方法，即先将凸模按图样要求划线、钳工加工成形，并经淬火处理。

b. 凸模制成后，可对卸料板按图样进行划线。在划线以前要用平面磨床将划线表面磨平，且六面应相互垂直，选其一面作为划线基准面。有坐标镗床时，用坐标镗床进行划线和钻孔。没有坐标镗床时，可利用划线高度尺，在平台上按图样划线。在划线时一定要仔细，划线后按图样检查。

c. 将划好线的卸料板由钳工粗钻型孔成形。

d. 将卸料板、凸模固定板、凹模坯件相互对齐并用平形夹夹紧，钻削钉定位孔。

e. 用加工好的凸模，在卸料板粗加工出的孔中，用压印的方法加工孔，每次压印深度为1mm左右，并用细锉加工，使之和凸模成相应间隙配合。

f. 把加工好的卸料板和凹模坯件用销钉紧固，并使其对齐。用加工好的卸料板孔作为导向，用划针在凹模表面上划线，卸下后精加工凹模各孔。

g. 粗加工后的凹模坯件与卸料板再次用销钉紧固，以卸料板作为导向，用相应的凸模对凹模压印，压印深度为1mm左右，然后锉修成形，并保证凸、凹模所要求的间隙值。

h. 凸模固定板各孔的位置确定及加工方法与凹模的相同。

③ 复合模

a. 首先加工成形冲孔凸模。

b. 对凸凹模进行粗加工，并按图样划线。粗加工后用冲孔凸模压印锉修成形凸凹模内型孔。

c. 制作一个与冲件形状尺寸完全相同的样板，再把凸凹模与样板用环氧树脂黏合在一起或者按图样划线。

d. 按样板或划线刨外形。

e. 经精锉修后，将凸凹模锯下一块，可作为卸料器用。

f. 将加工后的凸凹模淬硬，再用压印锉修法压印凹模孔。

g. 用冲孔凸模通过卸料器压印锉修凸模固定板型孔。

h. 装配时，先装上模，再装下模。

以上介绍的冲裁模制造方法，只是传统的手工制模方法。若有先进的设备时，连续模可以先制作凹模，然后再以凹模为基准，配作凸模、凸模固定板及卸料板；而对于复合模，可首先加工凸模，并使凸模比图样要求在长度方向长一些，然后以此作为电极，用电火花加工凸凹模型孔。再制作一个与凸凹模外形一样的电极，加工凹模孔。

（2）凸、凹模的结构形式

① 凸模的结构形式见表3-1。

表3-1 凸模结构形式

类型		结构简图	应用范围及说明
圆形凸模	冲小圆孔凸模	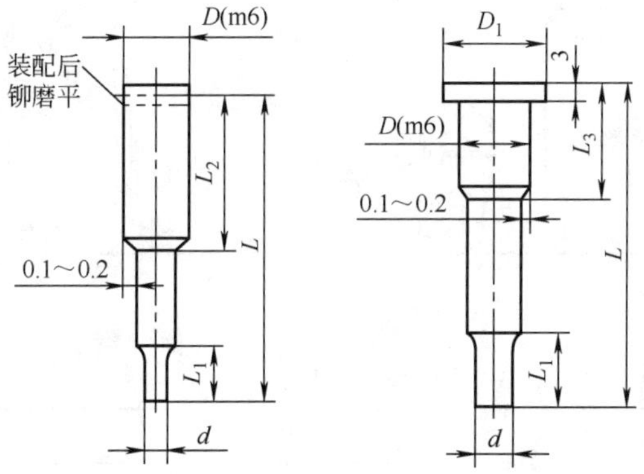 (a) (b)	(a)适于冲1~8mm小孔 (b)适于冲1~15mm小孔
圆形凸模	冲中型圆孔凸模	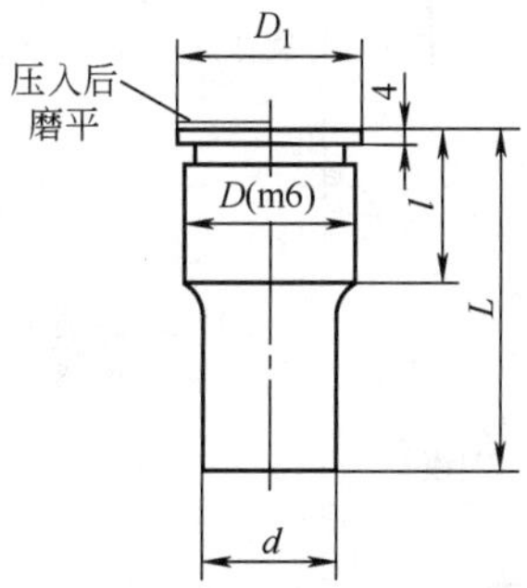	适于冲8~30mm中型孔
	冲大圆孔凸模	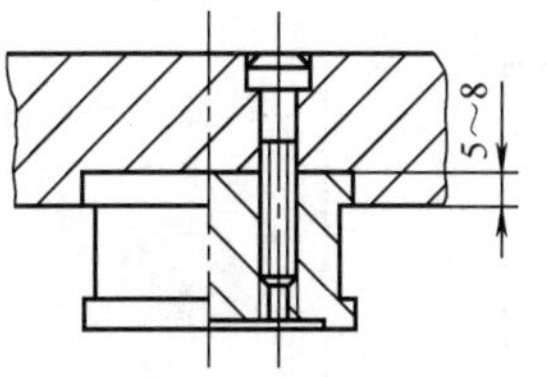	凸模用窝座定位，然后用3~4个螺钉紧固。工作部分一般采用工具钢制造，非工作部分采用一般结构钢。为了减少切削面积，底部及中部采用空心结构，适用于冲大圆孔

续表

类	型	结构简图	应用范围及说明
圆形凸模	在厚板料上冲小孔凸模	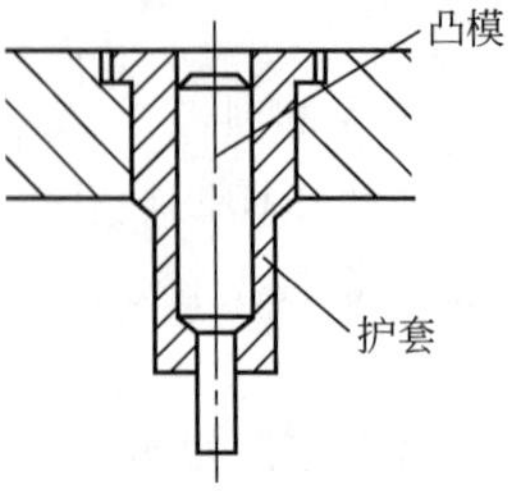	为了防止凸模折断,将凸模放在护套中,然后将护套圈固定在固定板上
非圆形凸模	整体式凸模	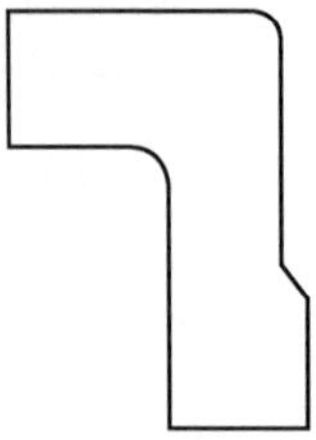	对复杂形状的凸模,其固定部分应制成圆柱形。若采用成形磨削时,工作部分截面形状应与非工作部分截面形状相同以便于磨削
非圆形凸模	组合式凸模	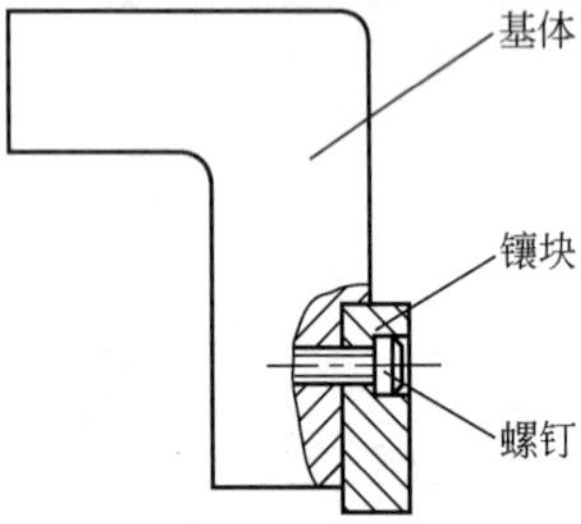	凸模镶块采用优质合金钢制成,其本体采用一般钢材制成并用螺钉紧固,节约了贵重金属材料

② 凹模的结构形式见表 3-2。

表 3-2 凹模结构形式

类　型	简　图	特　点	用　途
整体式凹模	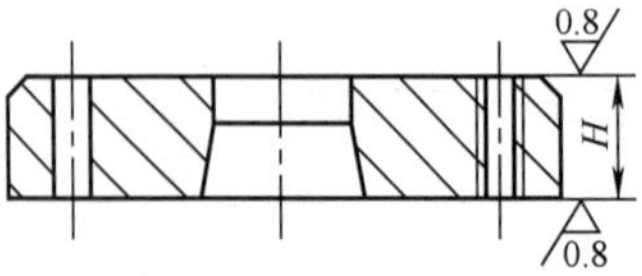	容易制造,强度高,但制造成本高,维修不方便	适用于中小型冲模
组合式凹模	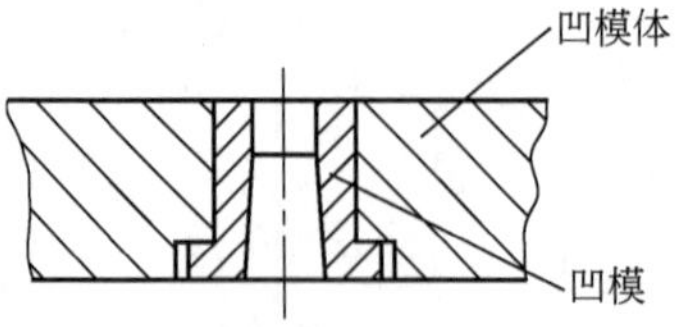	成本低廉,能节约贵重钢材,便于维修	适用于大中型冲模
镶块式凹模	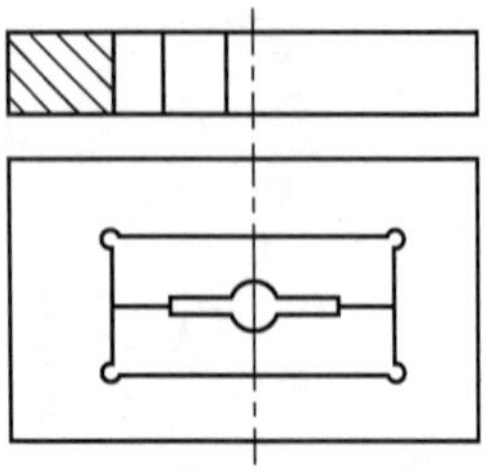	降低了加工难度,节约了贵重材料,但装配复杂	适用于形状复杂、长臂及窄条零件的冲压

(3) 凸、凹模的加工

1) 技术要求　冲裁凸、凹模的技术要求如下：

① 尺寸精度　凸模、凹模、凸凹模、侧刃凸模加工后，其形状、尺寸精度应符合模具图样要求。配合后应保证合理的间隙。

② 表面形状

a. 凸模、凹模、凸凹模、侧刃凸模的工作刃口应尖锐、锋利，无倒锥、裂纹、黑斑及缺口等缺陷。

b. 凸模、凹模刃口应平直，除斜刃口外不得有反锥，但允许有向尾部增大的不大于15°的锥度。

c. 冲裁凸模其工作部分与配合部分的过渡圆角处，在精加工后不应出现台肩和棱角，并应圆滑过渡，过渡圆角半径一般为3～5mm。

d. 新制造的凸模、凹模、侧刃凸模无论是刃口还是配合部分一律不允许烧焊。

e. 凸模、凹模、凸凹模的尖角（刃口除外）图样上未注明部分，允许按$R=0.3$mm制作。

③ 位置精度

a. 冲裁凸模刃口四周的相对两侧面应相互平行，允许稍有斜度，其垂直度误差应不大于0.01～0.02mm，大端应位于工作部分。

b. 圆柱形配合的凸模、凹模、凸凹模，其配合面与支撑台肩的垂直度允差不大于0.01mm。

c. 圆柱形凸模、凹模工作部分直径相对配合部分直径的同轴度允差不得超过工作部分直径偏差的1/2。

d. 镶块凸模与凹模结合面缝隙不得超过0.03mm。

④ 表面粗糙度　加工后的凸模与凹模工作表面粗糙度等级要符合图样要求。一般刃口部分为$R_a=1.6～0.8\mu m$，其余非工作部分允许$R_a=25～12.5\mu m$。

⑤ 硬度

a. 加工后的凸模与凹模应有较高的硬度和韧性，一般要求凹模硬度，60～64HRC；凸模硬度，58～62HRC。

b. 凡是铆接的凸模，允许在自1/2高度处开始向配合（装配固定板部位）部分硬度逐渐降低，但最低不应小于38～40HRC。

2) 冲裁凸、凹模的加工原则

① 落料时，落料零件的尺寸与精度取决于凹模刃口尺寸。因此，在加工制造落料凹模时，应使凹模尺寸与零件最小极限尺寸相近。凸模刃口的公称尺寸，则应按凹模刃口的公称尺寸减小一个最小间隙值来确定。

② 冲孔时，冲孔零件的尺寸取决于凸模尺寸。因此，在制造及加工冲孔凸模时，应使凸模尺寸与孔的最大尺寸相近，而凹模公称尺寸则应按凸模刃口尺寸加上一个最小间隙值来取。

③ 对于单件生产的冲模（冲裁模）或复杂形状零件的冲模，其凸、凹模应用配制法制作与加工。即先按图样尺寸加工凸模（凹模），然后以此为准，配作凹模（凸模），并适当加上间隙值。落料时，先制造凹模，凸模以凹模配制加工；冲孔时，先制造凸模，凹模以凸模配制加工。

④ 由于凸模、凹模长期工作受磨损而使间隙加大，因此，在制造新冲模时，应采用最小合理间隙值。

⑤ 在制造冲模时，同一副冲模的间隙应在各方向力求均匀一致。

⑥ 凸模与凹模的精度（公差值）应随制品零件的精度而定。一般情况下，圆形凸模与凹模应按 IT5～IT6 精度加工，而非圆形凸、凹模，可取制品公差的 1/4 精度来加工。

3) 凸、凹模精加工顺序

① 凸、凹模精加工方案选择见表 3-3。

表 3-3 凸、凹模精加工方案选择

序号	方案	适用范围
第一方案	按照图样要求的尺寸，分别加工凸模与凹模并保证间隙值	在所采用的加工方法中，能够保证凸模和凹模有足够的精度时，如直径大于 5mm 的单孔圆形凹模与凸模
第二方案	先加工好凸模，然后按此凸模配作凹模，并保证凸、凹模规定的间隙值	外圆形冲孔模或直径小于 5mm 的冲孔模
第三方案	先加工好凹模，然后按凹模配作凸模，并保证规定的间隙值	适用于非圆形的落料模

② 凸、凹模配合加工顺序的选择见表 3-4。

表 3-4 凸、凹模配合加工顺序的选择

冲裁模类型	尺寸特点	配合加工顺序
有间隙的冲孔模	制品孔的尺寸等于凸模工作部位刃口尺寸	1. 先加工好凸模 2. 按加工好的凸模精加工配作凹模，保证间隙值
有间隙的落料模	制品的外缘尺寸等于凹模孔尺寸	1. 先加工好凹模 2. 按已加工好的凹模配作凸模并保证一定的间隙值
有间隙的复合模	制品的外形尺寸等于凹模孔尺寸，内孔尺寸等于凸模尺寸	1. 分别加工冲孔凸模及落料凹模 2. 按凸模、凹模配作凸凹模的内孔及外形，并保证间隙
无间隙的冲裁模	制品的尺寸等于凸模工作部分尺寸，也等于凹模孔尺寸	1. 任意先加工凸模或凹模 2. 精加工配作凹模与凸模

③ 根据机床选择凸、凹模的加工顺序见表 3-5。

表 3-5 根据机床选择凸、凹模的加工顺序

工厂具有的生产设备	配合加工顺序		加工说明	主要特点
仿形刨床	1. 凸模		仿刨、钳工精修、淬硬后抛光	制造凸模比较方便，加工精度高 固定板易加工
	2. 凹模		按凸模来配作凹模	用于凹模淬火变形小或精度要求不高的情况
成形磨削机床	一	1. 凸模	铣削、淬硬后磨削	制造凸模效率高，精度高，消除了淬火变形对模具精度的影响
		2. 凹模	按凸模配作凹模	用于凹模变形小的情况
	二	凸模与凹模分别加工	凹模采用镶块结构，由内表面转化为外表面，成形磨加工	凸模与凹模的精度都不受淬火后变形的影响

续表

工厂具有的生产设备	配合加工顺序		加工说明	主要特点
电火花穿孔机床	1. 电极		仿刨（或精铣）钳工精修	消除了由于热处理零件变形对凹模精度的影响 用于凹模精度高的场合 凸模可以用成形磨削方法与电极加工成一体，然后锯开，分别精修后使用
	2. 凹模		凹模型孔先粗加工成形后，热处理淬硬，再用电火花穿孔成形	
	3. 凸模		按凹模孔配作凸模，可采用精刨、仿刨、精铣的加工方法	
电火花加工机床、成形磨削机床	一	1. 电极、凸模	淬硬后将电极与凸模胶合在一起，用成形磨削加工成形	消除了由于淬火变形对凸模与凹模精度的影响。生产效率高，主要用于精度要求较高的冲模制作
		2. 凹模	用电火花机床，利用加工好的电极加工凹模	
	二	1. 凸模	用成形磨床加工凸模	可不必另外制作电极，生产效率高。消除了淬火变形对凸、凹模精度的影响，加工精度较高
		2. 凹模	用凸模作电极，利用电火花加工凹模	
线切割机	一	1. 凹模	先加工固定凹模用的螺孔，淬硬后线切割成形	消除了热处理淬火变形对凸、凹模精度的影响，精度较高，不需要加工电极
		2. 凸模	按凹模配作凸模	
	二	凸模与凹模分别加工	将固定凹模、凸模用的螺孔及销孔加工后，经热处理淬硬，用线切割加工成形	消除了热处理淬火变形对凸、凹模精度的影响，精度高，质量好，不需加工电极
只有一般机械加工设备	样件或样板		钳工精加工	适用于一般精度的冲模加工

4) 凸模的加工方法
① 凸模的机械加工方法见表3-6。

表3-6 凸模的机械加工方法

工序号	工序名称	加工方法	设备	注意事项
1	下料	根据零件图及锻造要求算出棒料的直径和长度	锯床	长径之比不能大于2
2	锻造	根据工件的形状锻造	锻锤	温度及火次
3	退火	根据不同的材料选不同的方法		
4	粗加工	加工外形及基准	通用设备	
5	半精加工	加工外形及基准	根据形状及精度定设备	
6	热处理	根据要求选热处理		
7	精加工	根据要求选不同的加工方式		
8	光整加工	根据要求选不同的加工方式		
9	检验			

② 图 3-1 所示为用仿形刨加工凸模,其加工工艺过程为:
a. 在车床、铣床或刨床上粗加工凸模毛坯。
b. 在平面磨床或外圆磨床上磨削辅助面(包括垂直面)。
c. 在磨平的平面上按图样划线。
d. 在铣床上初加工凸模轮廓,留有 0.2~0.3mm 精加工余量。
e. 仿形刨床加工到尺寸。
f. 钳工整修。
g. 热处理淬硬。
h. 钳工研磨刃口及整修。

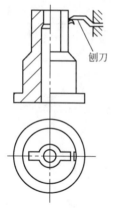

图 3-1 用仿形刨加工凸模

加工时应注意的问题有:
a. 可加工圆弧和直线组成的各种形状复杂的凸模。
b. 凸模根部(安装部位)应设计成圆弧形,并要求与加工尺寸一致;装合部位设计成圆形或方形可增加其刚性。
c. 加工精度为±0.02mm,表面粗糙度 R_a 可达 3.2~0.8μm。
d. 生产效率较低,且加工后淬硬易变形而影响凸模精度。

③ 图 3-2 所示为用成形磨床加工凸模,其加工工艺过程如下。
a. 凸模经机械粗加工成形及热处理淬硬后,进行磨削。
b. 磨削有以下两种方法。

第一种方法:用成形砂轮进行磨削。利用修整砂轮装置,将砂轮修整成与制件型面相吻合的相反型面,然后用其磨削凸模模坯,获得所需形状及尺寸的凸模。

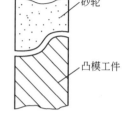

图 3-2 用成形磨床加工凸模

第二种方法:用轨迹运动法进行磨削。将凸模装在夹具上,利用夹具使凸模倾斜一定角度或回转,在磨床上把凸模的斜面与弧面磨削出来,如采用精密平口钳、正弦分中夹具、万能夹具等。

加工时应注意的问题有:
a. 修整任何形状(角度、圆弧)的砂轮,在使用金钢笔修整前,均需采用碳化硅砂条或实心炭精棒粗修。精修时,进刀量要小,金刚笔必须缓慢移动。
b. 砂轮必须经常修磨以提高精度。
c. 砂轮应依形状一对一使用。

由于淬火后修磨,故消除了淬火后变形的影响,加工出的凸模精度高。

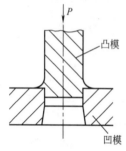

图 3-3 用压印修锉法加工凸模

④ 图 3-3 所示为用压印修锉法加工凸模,其加工工艺过程为:
a. 按图样加工好凹模并热处理淬硬。
b. 用 1~2mm 厚的低碳钢板,按凸模断面形状加工一个样板。
c. 用机械加工方法粗加工,并磨平端面。
d. 按样板或图样划线。
e. 在铣床上粗加工,并留有 0.5mm 压印余量。
f. 用压力将未经淬硬的凸模垂直压入淬硬的凹模孔内侧,凸模多余的金属被挤出,并出现印痕亮面。
g. 钳工将多余的印痕锉修去除。

h. 锉去多余的金属后,再压印,再锉削,直到刃口达到要求的尺寸为止。

i. 样板检验合格后淬硬修光。

加工时应注意的问题有:

a. 首次压印深度为 0.2～0.3mm,以后各次可略大些。

b. 压印时在凸模表面上涂一层硫酸铜溶液,形成铜膜,并可将凹模刃口用油石磨出 0.1mm 左右的圆角,以提高压印表面粗糙度($R_a=0.80～0.40\mu m$),以减少摩擦力。

c. 压印时,应始终保持压力通过凹模孔中心线,不可歪斜。凸模放在凹模孔内,四周间隙要均匀。

d. 锉削时不准碰伤压光表面,每次锉削后留下的余量,四周要均匀,以免再压印时偏斜。

e. 压印锉修法适用于在缺少专用设备的情况下的冲模制作。

5)凸模的加工工艺

① 圆形凸模的加工工艺见表 3-7。

表 3-7 圆形凸模加工工艺

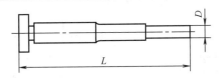

工序号	使用设备	加工工艺过程	注意事项
1	锯床	切断棒料	留车床加工装夹余量
2	车床	按图纸车削成形,留预磨余量 0.5mm	细小凸模可直接车削到要求尺寸,在车床上用砂布打光
3	热处理	淬火达到硬度要求	在淬火时尽量防止变形
4	外圆磨床	外圆磨到尺寸精度要求	直径较大的圆形凸模端面用平面磨床磨平,提高刃口锋利程度
5	钳工整修	将工作面修光,并刃磨刃口,整修成形	用油石刃磨使刃口锋利

② 非圆形凸模加工工艺见表 3-8。

表 3-8 非圆形凸模加工工艺

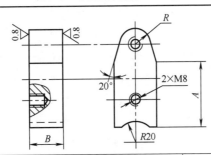

工序号	工序名称	工艺说明	注意事项
1	备料	凸模的毛坯一般用轧制的圆钢根据图样要求换算长度,锯断	
2	锻造	将毛坯锻成矩形及要求的形状	每边留有 4～5mm 的刨削加工余量

续表

工序号	工序名称	工艺说明	注意事项
3	热处理	退火以消除内应力,改善加工性能	
4	刨	在牛头刨床上刨削	每面留预磨余量 0.5mm
5	平磨	平磨到尺寸	
6	划线	划出凸模轮廓线及各螺孔位置	划线后打样冲眼
7	工作型面粗加工	按划线刨出或插出凸模轮廓	单面留精修余量 0.15～0.25mm
8	磨	磨出 20°两斜面	
9	工作型面精加工	钳工锉修凸模,使其接近尺寸	留热处理后精修余量
10	钻孔、攻螺纹	钻底孔、攻螺纹	
11	热处理	淬火、回火	58～62HRC
12	平磨	磨上、下面	
13	钳工精修	用油石仔细研磨及修整工作型面	与凹模相配,保证其间隙值

例 3-1 分析图 3-4 所示冲孔凸模的加工工艺过程。

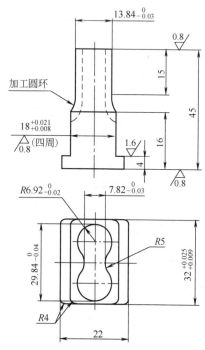

零件名称:冲孔模凸模;材料:MnCrWV;
热处理:58～62HRC

图 3-4 冲孔凸模

① 工艺性分析 该零件是冲孔模的凸模,工作零件的制造方法采用"配作法"。冲孔加工时,凸模是"基准件",凸模的刃口尺寸决定制件尺寸,凹模型孔加工是以凸模制造时刃口的实际尺寸为基准来配制冲裁间隙的。因此,凸模在冲孔模中是保证产品制件型孔的关键零件。冲孔凸模零件外形表面是矩形,尺寸为 32mm×22mm×45mm,在零件开始加工时,首先保证外形表面尺寸。零件的成形表面是由 $R6.92_{-0.02}^{0}$ mm、$29.84_{-0.04}^{0}$ mm、$13.84_{-0.03}^{0}$ mm、$R5$、$7.82_{-0.03}^{0}$ mm 组成的曲面,零件的固定部分是矩形,它和成形表面呈台阶状。该零件属于小型工作零件,成形表面在淬火前的加工可以采用仿形刨削或压印修锉法;淬火后的精加工可以采用坐标磨削和钳工修研的方法。采用压印修锉法加工需要制作基准件,用凹模作基准件是不合理的,如果要作基准件又要增加二级工具,因此,在没有坐标磨床的情况下,采用仿形刨削作为淬火前的主要加工手段,在淬火中控制变形量,淬火后的精加工通过模具钳工来保证。

零件的材料是 MnCrWV,热处理硬度 58～62HRC。MnCrWV 是低合金工具钢,也是低变形冷作模具钢,具有良好的综合力学性能,是锰铬钨系钢的代表性钢种。由于材料含有微量的钒,可抑制碳化物网的产生,增加淬透性和降低热敏感性,使晶粒细化。零件为实心零件,各部位尺寸差异不大,热处理较易控制变形。

② 工艺方案 对复杂型面凸模的制造工艺应根据凸模形状、尺寸、技术要求并结合本

单位设备情况等具体条件进行制订，一般的工艺方案如下。

a. 备料：根据下料尺寸的计算公式，计算出棒料的长度和直径；
b. 锻造：锻成一个长、宽、高每边均含有加工余量的长方体；
c. 热处理：退火（按模具材料选取退火方法及退火工艺参数）；
d. 刨（或铣）六面，单面留余量 0.2～0.25mm；
e. 平磨（或万能工具磨）磨六面至尺寸上限，基准面对角尺寸保证相互平行或垂直；
f. 钳工划线（采用刻线机划线或仿形刨划线）；
g. 粗铣外形（立式铣床或万能工具铣床）留单面余量 0.3～0.4mm；
h. 仿形刨或精铣成形表面，单面留 0.02～0.03mm 研磨量；
i. 检查：在投影仪上将工件放大，检查其型面（适用于中小工件）；
j. 钳工粗研：单面留 0.01～0.015mm 研磨量（或按加工余量表选择）；
k. 热处理：工作部分局部淬火及回火；
l. 钳工精研及抛光。

此类结构凸模工艺方案的不足之处是淬火之前机械加工必须成形，这样势必带来热处理的变形、氧化、脱碳、烧蚀等问题，影响凸模的精度和质量。在选材时应采用热变形小的合金工具钢如 CrWM、Cr12MoV 等；采用高温盐浴炉加热、淬火后采用真空回火炉回火稳定热处理，防止过烧和氧化等现象。

③ 型面检验及二级工具　对于二维曲面的复杂成形表面，在不便于采用通用量具进行直接检验时，在模具生产中广泛采用型面样板法和在光学投影仪上通过放大图来检验。可以采用型面样板二级工具，利用型面检验样板的透光度检验成形表面。

冲孔凸模的型面检验样板如图 3-5 所示。

④ 工艺过程见表 3-9。

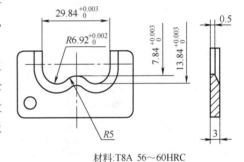

图 3-5　冲孔凸模型面检验样板

表 3-9　冲孔凸模的加工工艺过程

工　序　号	工序名称	工序主要内容
1	下料	锯床下料，$\phi 40\text{mm} \times 43^{+4}_{0}\text{mm}$
2	锻造	锻成 37mm×27mm×50mm
3	热处理	退火，硬度≤229HBS
4	立铣	铣六方 32.4mm×22mm×45.4mm
5	平磨	磨六方，对 90°角
6	钳工	去毛刺，划线
7	工具铣	铣型面及台阶 18mm×4mm，留双边余量 0.4～0.5mm
8	仿形刨	按线找正刨型面，留双边余量 0.1～0.15mm
9	钳工	修型面，留余量 0.02～0.03mm，对样板，倒角 R4mm
10	热处理	淬火、回火，硬度 58～62HRC
11	平磨	磨光上、下面，找正磨削尺寸 18mm×32mm
12	钳工	修研型面达图样要求，对样板

6）凹模加工工艺

① 圆形凹模孔的机械加工见表3-10。

表3-10 圆形凹模孔的机械加工

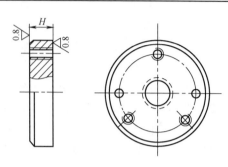

工序号	工序名称	加工说明	注意事项
1	备料	将圆棒钢料在锯床上切断	留有一定的装夹余量
2	锻造	将坯料锻压成形	
3	热处理	将锻件退火，以消除锻压造成的内应力，改善加工性能	
4	粗加工	在车床上加工，车削成形钻镗型孔	型孔留0.05mm磨削余量
5	划线	划出各销孔及螺钉孔位置	
6	钻孔、攻螺纹	在钻床上钻出所有销孔及螺纹底孔，并攻螺纹及铰销钉孔	
7	热处理	淬火、回火，达到规定的热处理硬度	预防热处理变形及裂纹
8	磨削	平面磨床磨平上、下底面；内圆磨磨型孔到尺寸	磨孔的精度应达到1～2级；表面粗糙度R_a=1.6～0.2μm
9	钳工修整	钳工用油石研磨修整工作型面	刃口一定要锋利

② 非圆形凹模孔的机械加工见表3-11。

表3-11 非圆形凹模孔的机械加工

加工方式	工艺说明	图示	注意事项及特点
凹模型孔的粗加工	1. 坯料准备 备料（锯切）→锻造→退火→刨→磨→划线 2. 去除余料 (1) 沿划线轮廓钻孔，其孔间距0.5～1mm。钻后用錾子去除余料 (2) 锉锯机切除孔内废料，周边留1mm余量 (3) 氧-乙炔气割，周边余料为2mm，余料去除后，进行退火处理	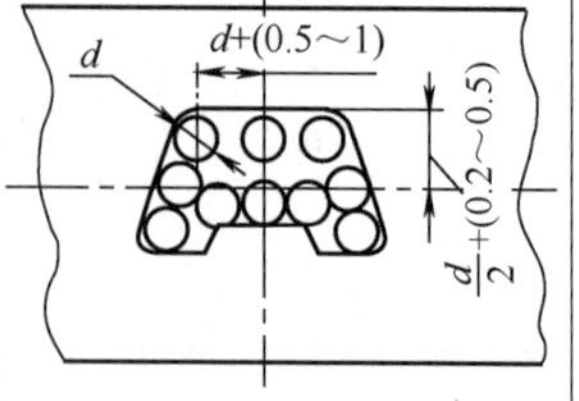	生产效率低，适于较大型孔

续表

加工方式		工艺说明	图 示	注意事项及特点
凹模型孔的精加工	锉削加工	1. 根据凹模图样制造样板或样件 2. 用各种锉刀按划线锉削成形,并随时用样件检验,一直锉削到样件能通入孔内为止 3. 锉出凹孔后角斜度		1. 劳动强度大,加工精度低,$R_a = 3.2\mu m$ 左右 2. 利用透光法检验样件及凹孔,要求间隙均匀一致
	立式铣床加工	单件生产时,可在立式铣床上按划线移动工作台进行铣削加工成形		适于单件生产
	立式铣床靠模仿形加工	批量生产时,可采用靠模装置进行加工。将样板1、垫板3、5和凹模4一起固紧在铣床工作台上,用棒状铣刀6穿过滚轮2,通过铣床的纵横移动工作台,使滚轮始终接触样板进行仿形铣削加工成形。铣削后的凹模,经钳工稍加修整后,热处理淬硬,磨平上、下平面,即可使用	1—样板;2—滚轮; 3,5—垫板;4—凹模; 6—棒状铣刀	1. 铣刀半径应小于凹模型孔转角处的圆角半径 2. 铣削精度高,适于批量生产
	凹模压印加工	1. 按图样先加工好凸模并淬硬修整成形 2. 预加工凹模型孔,每边留余量 0.5mm 3. 第一次压印深度为 0.2~0.5mm 4. 锉去余料 5. 继续压印,压印深度为 2~3mm 6. 钳工锉修成形		压印加工方法及注意要点同凸模压印锉修法

③ 图 3-6 所示凹模的机械加工工艺过程如下。

a. 下料:凹模坯料,多采用轧制的圆钢,按下料计算方法计算出直径和长度,在锯床上切断,并留有余量。

b. 锻造:将坯料锻成矩形,留取双面加工余量为 5mm。

c. 热处理:退火,消除内应力,便于加工。

d. 粗加工(刨):刨六面,留取 0.5mm(双面)磨削余量。

e. 磨:磨六面,到规定的尺寸。

f. 划线:划出凹模型孔轮廓线及各螺孔、销孔位置。

g. 凹模型孔粗加工:按划线去除废料,在铣床上按划线加工型孔(单边余量 0.15~0.25mm)和凹模孔斜度。

h. 凹模型孔精加工:采用压印锉修法按凸模配作。压印锉修时,保证凸、凹模间隙值及均匀性。

i. 孔加工:加工各螺孔、销孔,并精铰销孔和攻螺纹。

j. 热处理:硬度为 60~64HRC。

k. 磨刃口及精修:平面磨床磨上、下平面后,钳工修整。

④ 凹模型孔的其他加工工艺方法

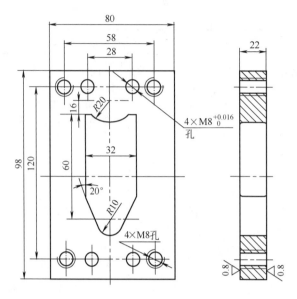

技术要求
1. 其余 $R_a = 12.5\mu m$。
2. 成形尺寸与凸模间隙0.04mm。
3. 60~64HRC。

图 3-6 凹模

a. 热压法制造凹模型孔

ⓐ 适用范围：适用于制造相同形状的多孔冲模，如电动机转子、定子凹模型孔。

ⓑ 坯件准备：坯件上、下面要求表面粗糙度 R_a 在 0.80μm 以上，留有 1.2~1.5mm 加工余量，各凹模型孔粗加工后的余量为 0.2~0.3mm。

ⓒ 制造样冲：一般制造两个样冲，第一个样冲要比凹模型孔尺寸每边小 0.1~0.2mm；第二个样冲恰好等于凹模型孔所要求的尺寸（可与凸模一起加工）。样冲应淬硬。

ⓓ 用电炉将凹模加热至 900℃ 左右，然后放在压力机夹具上，使凹模工作面朝下。

ⓔ 用压力机将样冲依次压入各凹模型孔。

ⓕ 再加热凹模，用第二个样冲再压入成形。

ⓖ 取下凹模，磨平上、下面，钳工修整并经热处理淬硬后即可使用。

制造时的注意事项及特点：

ⓐ 凹模必须是整体结构，凹模型孔的形状尽量简单，没有窄槽及尖角。

ⓑ 工作效率高，但精度差，为了提高精度可增加冲制次数，每次凹模型孔加大 0.05~0.10mm，最后一次余量应尽量小。

ⓒ 固定凹模坯件的夹具应能回转，每变化一个位置应固定一次。

ⓓ 冲压时，样冲必须始终垂直于凹模工作面，不得偏斜。

b. 冷压法制造凹模型孔

ⓐ 应用范围：适用于形状相同而且数量较多的凹模型孔的加工。

ⓑ 坯料准备：将要冲的凹模型孔先用机械加工法粗加工成形，周边应留余量 0.2~0.3mm。

ⓒ 样冲加工：材料为 Cr12 或 T10A，形状与凹模型孔相同，大小尺寸应依次相差0.07~0.10mm，最后一个样冲应与凹模型孔尺寸基本相同（也可以用同凸模一样的样冲代替）。

ⓓ 冲压：使样冲从小到大依次在压力机上对凹模预加工孔冲压。

ⓔ 修整：冲压后的凹模在平面磨床上磨平上、下面，经钳工修整后热处理淬硬。

制造时的注意事项及特点：

ⓐ 冲制时，样冲一定要和凹模工作面垂直。

ⓑ 每换一个样冲，应与凹模型孔相配准，四周间隙要均匀。

ⓒ 凹模与样冲要紧固牢，冲制时不能松动。

ⓓ 工艺简单、操作方便，冲制的凹模型孔精度较高。

c. 化学腐蚀法制造凹模型孔

ⓐ 应用范围：用于形状复杂、钳工无法加工的凸模与凹模型孔。

ⓑ 工艺过程：将凹模坯料放在硫酸、硝酸、盐酸的混合液中进行腐蚀，根据加工余量控制时间；腐蚀后用冷水冲洗干净；用砂纸打光表面的氧化物。

制造时的注意事项：

ⓐ 腐蚀前的凸、凹模预加工余量为 0.12～0.2mm，最好要求抛光后再腐蚀。

ⓑ 根据腐蚀速度严格控制时间。

ⓒ 不需腐蚀部位可涂上硝基漆保护。

例 3-2 分析图 3-7、图 3-8 所示自行车花盘复合模的凸模和凹模的加工工艺过程。

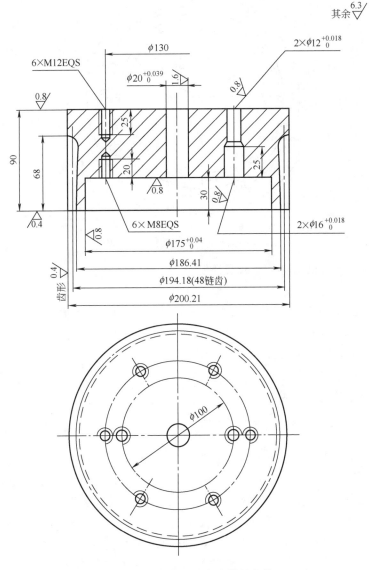

图 3-7 自行车花盘复合模的凸模

1) 凸模的加工工艺过程

① 下料 用型材棒料。计算出直径和长度后在锯床上锯断。

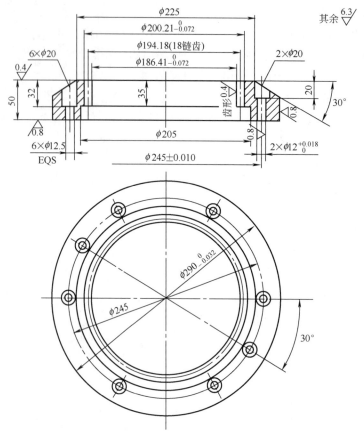

图 3-8 自行车花盘复合模的凹模

② 锻造　将棒料锻成规定尺寸的圆饼坯。

③ 退火　以消除内应力,并改善其加工性能。

④ 车　车外圆和端面,钻镗 $\phi 20 mm$ 内孔,掉头镗 $\phi 175 mm$ 的凹腔及底面,并车下端面。留磨量 $0.3 \sim 0.5 mm$。

⑤ 划线　确定各孔的位置。

⑥ 孔加工　加工螺孔、销孔。

⑦ 粗铣齿形　在铣床上加工。

⑧ 热处理　淬火、回火,硬度 $58 \sim 62 HRC$。

⑨ 磨平面　在平磨上磨上、下两端面。

⑩ 磨外圆　在外圆磨床上磨外圆至要求尺寸。

⑪ 磨齿形　在成形磨床上用成形砂轮磨齿形,并利用分度机构进行分度。在磨齿形之前必须做好以下准备工作：加工心轴(车、磨),用于装夹凸模和电极；修整与齿形吻合的成形砂轮；加工电极毛坯(车、镗内孔,粗铣齿形磨削等)。加工时,将电极与凸模一齐穿入心轴,用螺母锁紧,然后将心轴安装在成形磨床上,用成形砂轮同时磨出电极和凸模的齿形。

⑫ 坐标磨削　在坐标磨床上磨削凹腔及其底面,磨定位销孔。

⑬ 精加工　钳工精修刃口。

2) 凹模的加工工艺过程

① 下料　用轧制的圆棒料,在计算出直径和长度后在锯床上锯断。

② 锻造 将棒料锻成较大的圆形毛坯。
③ 退火 以消除内应力，并改善其加工性能。
④ 车床加工 车外圆和下端面，钻镗内孔（$\phi186.41$mm 处），精镗 $\phi205$mm 的让刀孔，然后掉头车上端面和 $30°$ 倒角，并留磨削余量 $0.3\sim0.5$mm，电火花加工余量 1mm。
⑤ 划线 划出各孔位置，并在孔中心处用三爪中心冲冲样冲眼。
⑥ 孔加工 加工各螺钉过孔和定位销的底孔。
⑦ 热处理 淬火、回火，检查硬度 $60\sim64$HRC。
⑧ 磨平面 在平面磨床上磨上、下两端面。
⑨ 磨外圆 在外圆磨床上磨外圆至要求尺寸。
⑩ 磨内孔 在坐标磨床上磨基准面（$\phi186.41_{-0.072}^{0}$mm）和两个定位销孔。
⑪ 电火花加工齿形 粗加工电极用石墨，精加工电极用铜。电极加工方法与凸模齿形的磨削相同。电火花加工时，根据基准面和定位销孔找正。
⑫ 精加工 手工研磨刃口。

例 3-3 某冲裁凸凹模如图 3-9 所示，试分析其加工工艺。

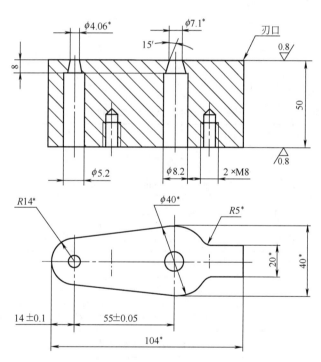

零件名称：凸凹模；材料：Cr6WV；硬度：58～62HRC
带*尺寸与凸模和凹模实际尺寸配制，保证双面间隙0.06mm
说明：该模具的凹模与凸模分别加工到该图所示的基本尺寸

图 3-9 冲裁凸凹模

1）工艺性分析

冲裁凸凹模零件是完成制件外形和两个圆柱孔的工作零件，从零件图上可以看出，该成形表面采用"配作法"加工，外成形表面是非基准外形，它与落料凹模的实际尺寸配制，保证双面间隙为 0.06mm；凸凹模的两个冲裁内孔也是非基准孔，与冲孔凸模的实际尺寸配制。

该零件的外形表面尺寸是 104mm×40mm×50mm。成形表面是外形轮廓和两个圆孔。结构表面是用于固紧的两个 M8 的螺纹孔。凸凹模的外成形表面是分别由尺寸为 $R14^*$ mm，$\phi40^*$ mm、$R5^*$ mm 的五个圆弧面和五个平面组成，形状比较复杂。该零件是直通式的。外成形表面的精加工可以采用电火花线切割、成形磨削和连续轨迹坐标磨削的方法。该零件的底面还有两个 M8 的螺纹孔，可供成形磨削夹紧固定用。凸凹模零件的两个内成形表面为圆锥形，带有 15′的斜度，在热处理前可以用非标准锥度铰刀铰削，在热处理后进行研磨，保证冲裁间隙。因此，应该进行二级工具锥度铰刀的设计和制造。如果具有切割斜度的线切割机床，两内孔可以在线切割机床上加工。

凸凹模零件材料为 Cr6WV 高强度微变形冷冲压模具钢。热处理硬度 58～62HRC。Cr6WV 材料易于锻造，共晶碳化物数量少，有良好的切削加工性能，而且淬水后变形比较均匀，几乎不受锻件质量的影响。它的淬透性和 Cr12 系钢相近。它的耐磨性、淬火变形均匀性不如 Cr12MoV 钢。零件毛坯应为锻件。

2）工艺方案

根据一般工厂的加工设备条件，可以采用以下两种方案。

方案一：备料→锻造→退火→铣六方→磨六面→钳工划线，制孔→镗内孔及粗铣外形→热处理→研磨内孔→成形磨削外形。

方案二：备料→锻造→退火→铣六方→磨六面→钳工，制螺孔及穿丝孔→电火花线切割内外形。

3）工艺过程

方案一的工艺过程见表 3-12。

表 3-12　冲裁凸凹模工艺过程

工序号	工序名称	工序主要内容
1	下料	锯床下料，$\phi56$mm×117^{+4}mm
2	锻造	锻造成 110mm× 45mm ×55mm
3	热处理	退火，硬度<241HB
4	立铣	铣六方，尺寸为 104.4mm×50.4mm×40.3mm
5	平磨	磨六面，对 90°角
6	钳	划线，去毛刺，制螺纹孔
7	镗	镗两圆孔，保证孔距尺寸，孔径留 0.1～0.15mm 的余量
8	钳	铰圆锥孔，留研磨量，制漏料孔
9	工具铣	按线铣外形，留双边余量 0.3～0.4mm
10	热处理	淬火、回火，硬度 58～62HRC
11	平磨	磨光上、下面
12	钳	研磨两圆孔，车工配制研磨棒与冲孔凸模实配，保证双面间隙为 0.06mm
13	成形磨	在万能夹具上，找正两圆孔磨外形，与落料凹模实配，保证双面间隙为 0.06mm。成形磨削工艺尺寸如图 3-10 所示

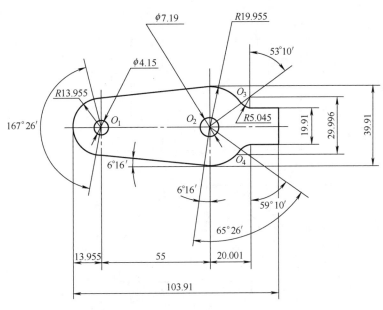

图 3-10 凸凹模成形磨削工艺尺寸图

例 3-4 试分析如图 3-11 所示转子凹模的加工工艺过程。

其加工工艺过程卡片见表 3-13。

表 3-13 转子凹模工艺过程卡片

工艺过程卡片							
零件名称	转子凹模	模具编号	551203	零件编号	6		
材料名称	Cr12Mo	毛坯尺寸	$\phi 45mm \times 30mm$	件数	1		
工序号	机号	工种	加工简要说明	定额工时/h	实做工时	制造人	检验	等级
1		车削	车削全形,内孔、外形各放 0.5mm,两平面放磨 0.5mm	2.3				
2		平磨	磨出两平面,再放磨 0.3mm	0.2				
3		划线	划全形孔	4				
4		钻削	钻削型孔废料	3.2				
5		热处理	淬火、回火	1.3				
6		平磨	磨对两平面	0.2				
7		圆磨	磨对外形、内孔	2.3				
8		电加工	根据中心孔 $\phi 10mm$ 定位加工对全形孔	8				
9		钳加工	修正并配合对	16				
10		电加工	由钳工配合,加工对 $\phi 4mm$ 销孔	2				
工艺员				年 月 日	零件质量等级			

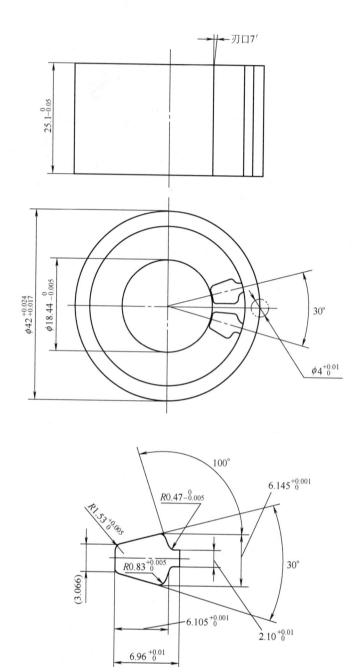

图 3-11 转子凹模

例 3-5 试分析如图 3-12 所示冷挤压凸模零件的加工工艺。

1）工艺性分析

冷挤压凸模在工作时，凸模要承受很大的压力，凹模则承受很大的张力，其单位压力可达制件毛坯材料强度极限的 4～6 倍。由于挤压时金属在型腔内流动，使凸模和凹模的工作面都承受剧烈的摩擦。这种摩擦和金属被挤压材料的剧烈变形产生的热量，使模具表面的瞬间温度达 200～300℃，因此要求冷挤压凸模在长期工作时不得出现折断和弯曲疲劳断裂，并要求有较高的耐磨性和抗断裂的能力。

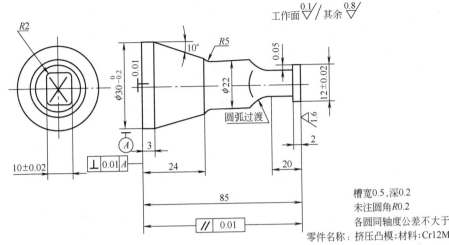

图 3-12 冷挤压凸模

凸模材料为 Cr12MoV，热处理硬度 60～62HRC，Cr12MoV 材料具有高的耐磨性、淬透性、微变形、高热稳定性、高的抗压强度，是高碳高铬微变形高合金工具钢；缺点是原型材的共晶碳化物偏析严重，应通过充分的"改锻"才能发挥材料的性能。

零件的形状为细长杆，为增加零件的刚度，在工作段之后，直径逐渐加粗，各过渡处为圆弧连接，为增强凸模的承力面，固定端呈锥形。模具工作表面较短，以减小被挤压材料和凸模的摩擦，但是，要求四周工作表面粗糙度数值较小。

零件毛坯形式为锻件，通过"改锻"来改善原材料中共晶碳化物偏析和网状碳化物状态，应该采用"多向镦拔法"以充分发挥材料的性能，在锻造之后进行碳化物偏析检验和晶粒度检查。

为了便于加工和测量，在大端增加工艺尾柄，各直径方向外形表面尽量一次装夹或同一基准装夹加工，保证工作端和固定端有良好的平行度和垂直度。各主要表面在热处理之后进行精密磨削加工和抛光，保证表面粗糙度要求。在各阶段加工中，各过渡部分要圆弧过渡，不留粗加工刀痕和磨削裂纹，以保证凸模工作寿命。

综上所述，解决凸模的刚度、强度、抗疲劳性和高寿命是冷挤压凸模工艺分析的重点。

2）工艺方案

一般挤压凸模的工艺方案为：备料→锻造→等温退火→车、铣→淬火及回火稳定处理→磨削加工→成品检验→工具磨切夹头、顶台→时效处理→研磨抛光。

工艺流程虽简单，但各工序必须有严格、详细的施工说明，这样才有挤压模具的高质量。如锻造时应根据不同材料和要求制订及执行预热、加热、始锻、终锻等各工序的温度、时间以及镦拔次数等技术规范；锻后还应放入干燥的石灰粉中冷却，以防冷却速度过快。

冷挤压凸模材料主要是含碳量较高的共析钢和过共析钢，所以锻后常采取等温球化退火，其目的是降低硬度、改善加工性能、细化组织，减少工件变形和开裂，并为最终热处理打下基础。等温球化退火比完全退火周期短、效率高。

由于凸模前端面是工作面，不允许有中心孔存在，所以在车加工时应留有顶台并做中心孔。此中心孔是后续各工序的加工基准，应注意保护，直至凸模成品检验合格后，才将顶台切掉，并磨好前端面，最后检验全长尺寸和外观。

在粗车加工时对尾部带有夹紧锥体的凸模，由于后续工序需要铣削和磨外圆等，因此在

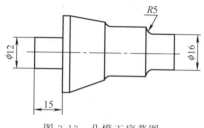

图 3-13 凸模工序草图

其尾端应留有装夹部位,俗称留夹头并打中心孔,同样它也是在成品检验后切掉夹头并磨好端面,见图 3-13。

最终热处理多采用高温盐浴炉进行加热后在油介质中淬火,有条件的工厂对淬火前已成形、淬火后无法再机械加工的凸模,采取真空炉加热淬火,这对防止脱碳和氧化效果更佳。

在磨削精加工中要针对凸模材质选择适宜的砂轮,其硬度、粒度、磨料品种均应合理,磨削中切削用量要选择合理,冷却液应充分,切忌干磨和使用钝砂轮,应及时修整砂轮,保持其锋利。否则将在模具表面形成磨削应力,产生裂纹、烧伤、退火、脆裂及早期失效等现象。所以模具磨削后,应在 260~315℃ 低温下进行去应力处理。

为提高模具寿命,研磨抛光质量也是非常重要的措施,工作表面不应有刀痕、磨痕,研磨抛光方向应与模具受力方向平行;方形六角形或其他异形凸模凡尖角处应圆滑过渡,防止应力集中。

3) 工艺过程

冷挤压凸模的加工工艺过程见表 3-14。

表 3-14 冷挤压凸模的加工工艺过程

工序号	工序名称	工序主要内容
1	下料	锯床下料 $\phi42mm \times 60^{+4}_{\ 0}mm$
2	锻造	多向镦拔,碳化物偏析控制在 1~2 级,晶粒度 10 级
3	热处理	退火,硬度≤207~255HB
4	车	按图车削,大端加工工艺尾柄,如图 3-13 所示,$R_a = 0.8\mu m$ 以下表面留双边余量 0.3~0.4mm,矩形部分车至 $\phi16mm$
5	平磨	利用 V 形铁夹具,以工艺尾柄为基准磨削小端面
6	钳	去毛刺,在小端面划线
7	工具铣	铣削矩形部分,留双边余量 0.3~0.4mm
8	钳	修圆角
9	热处理	淬火、回火,硬度 60~62HRC
10	外磨	以 $\phi22mm$ 为基准,磨削工艺尾柄外圆
11	外磨	以工艺尾柄为基准磨削 $\phi30^{\ 0}_{-0.2}mm$,10°锥面,$\phi22mm$
12	工具磨	以工艺尾柄为基准找正 $\phi22mm$ 外圆,磨削矩形部分
13	钳	修光圆角
14	工具磨	磨削小端面槽
15	线切割	切除工艺尾柄
16	平磨	磨削大端面,保证与轴心线垂直
17	钳	研抛工作面及圆弧

例 3-6 编制如图 3-14 所示零件的加工工艺过程。

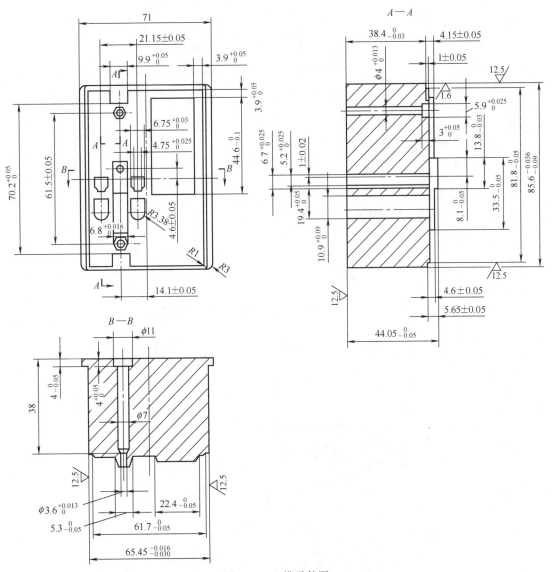

图 3-14 上模零件图

其工艺过程见表 3-15。

表 3-15 上模零件加工工艺过程卡片

工艺过程卡片									
工件名称	上模	模具编号	541007	零件编号	8				
材料名称	9Mn2V	毛坯尺寸	91mm×76mm×50mm	件数	2				
工序号	机号	工种	施工简要说明	定额工时/h	实做工时/h	制造人	检验	等级
1		刨削	六面加工均放淬磨	3.4				
2		平磨	磨出六面再放磨	1.2				
3		划线	划线,单划穿丝孔	0.35				
4		钻削	钻削穿丝孔 4×ϕ3mm	2.2				
5		线切割	割对 4 型孔	10				

续表

工件名称	上模	模具编号	541007	零件编号	8			
材料名称	9Mn2V	毛坯尺寸	91mm×76mm×50mm	件数	2			
工序号	机号	工种	施工简要说明	定额工时/h	实做工时/h	制造人	检验	等级
6		平磨	以割后型孔为准,磨对四周	2				
7		划线	补划线	1.3				
8		钻削	钻、锪对各型孔	6				
9		铣削	铣削全形放钳,型面放磨	6				
10		电加工	电加工对两个内六角型孔	2.3				
11		钳加工	修配对及淬火后砂光	24				
12		热处理	淬火	1.3				
13		平磨	待压入后按要求磨对尺寸	1.2				
工艺员				年　月　日	零件质量等级			

例 3-7 试分析如图 3-15 所示的冷挤压齿轮模的凹模的加工工艺过程。

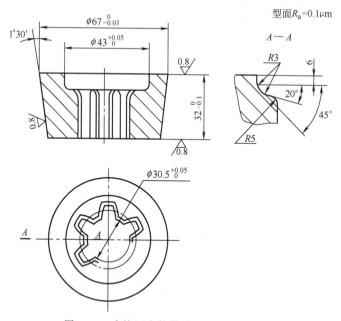

图 3-15　冷挤压齿轮模的凹模（齿形凹模）

1）工艺分析

齿形凹模是齿形冷挤压模的成形凹模，它在模具中的位置如图 3-16 所示。

在模具中，上凹模和齿形凹模组合成凹模体，凹模体与两套预紧圈共同组成冷挤模的凹模部分。冷挤压的产品零件是 20CrMnTi 材料的齿轮。20CrMnTi 是合金结构钢，常作为渗碳零件，应用于承受高速、中或重负荷以及受冲击、摩擦的重要结构零件。

20CrMnTi 材料的力学性能：$\sigma_b \geqslant 1080\text{MPa}$，$\sigma_s \geqslant 835\text{MPa}$，$\delta_5 \geqslant 10\%$，$\psi \geqslant 45\%$，由此可见齿形凹模在冷挤压时要承受很大的挤压力。齿形凹模采用 W18Cr4V 材料，热处理硬度 62～65HRC。

高速钢圆棒料存在着冶金缺陷，为了充分发挥高速钢的性能，改善共晶碳化物分布不均匀和网状、带状碳化物现象，零件毛坯应为锻件，采用多向镦拔法，碳化物偏析控制在 1～2 级。毛坯在改锻之后进行球化退火，使组织均匀，消除应力，降低硬度，为机械加工和淬火处理做好准备。在淬火时，为了提高材料的韧性，淬火温度控制在 1230～1250℃（比常规淬火温度高 20～40℃），晶粒度控制在 10～11 级。

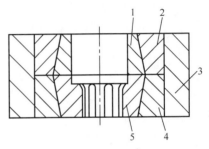

图 3-16　凹模组件图
1—上凹模；2—上凹模内预紧圈；
3—外预紧圈；4—齿形凹模内预紧圈；
5—齿形凹模

齿形凹模的加工关键在齿形部分，齿形表面的粗糙度要求比较小。渐开线齿形部分的加工可以采用电火花加工或电火花线切割加工。对于渐开线齿形的研磨和抛光，在电火花加工之后，在插床上进行研磨和抛光。

2）工艺过程的制定

齿形凹模的加工工艺过程见表 3-16。

表 3-16　齿形凹模的加工工艺过程

工 序 号	工序名称	工序主要内容
1	下料	锯床下料
2	锻造	多向镦拔，碳化物偏析控制在 1～2 级
3	热处理	球化退火，硬度＜241HBS
4	车	车内、外形，留双边余量 0.5mm
5	钳	划线
6	工具铣	齿槽内钻孔，铣削，留余量 0.3mm
7	钳	去毛刺
8	热处理	淬火、回火，硬度 62～65HRC，晶粒度控制在 10～11 级
9	平磨	磨两端面
10	内磨	找正端面磨内孔
11	外磨	心轴装卡，磨外锥面（车工配制心轴）
12	钳	与齿形凹模内预紧圈压合
13	电火花	电火花加工渐开线齿形及精修入槽角 20°、45°
14	钳	研磨抛光内齿形
15	外磨	以齿形凹模内孔心轴装卡，磨齿形凹模内预紧圈外圆，与上凹模组件外圆一致
16	钳	与上凹模组件（上凹模压入上凹模内预紧圈）一起压入外预紧圈
17	内磨	精磨内圆柱孔（凹模组件），使上凹模与齿形凹模的内圆尺寸一致

3）研磨和抛光

齿形凹模的渐开线齿形表面，在电火花加工之后，利用原铸铁电极和浮动二级工具一起作为研磨工具，在插床或钻床上进行研磨。齿形研磨工具如图 3-17 所示。研磨时，研磨工具做上下往复运动，机床和杆套外圆连接，磨料为白色氧化铝粉，粗研时磨料粒度为 M8，细研时磨料粒度为 M5，精研时磨料粒度为 M3.5。研磨液为机油或猪油。抛光加工也在插床或钻床上进行，齿形抛光工具如图 3-18 所示。抛光轮由 4～10mm 厚的羊毛毡轮叠合而成。要求羊毛毡轮的外形与齿形凹模的齿形一致。羊毛毡轮利用电加工电极作为冲裁凸模，齿形凹模为冲裁凹模，冲制而成。

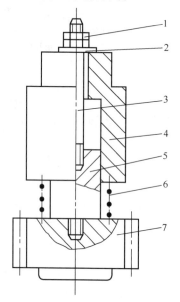
图 3-17 齿形研磨工具
1—螺母；2—垫圈；3—螺杆；4—杆套；
5—芯杆；6—弹簧；7—电极

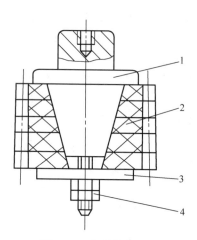
图 3-18 齿形抛光工具
1—锥度心轴；2—羊毛毡轮；
3—垫圈；4—螺母

例 3-8 分析如图 3-19 所示凸模的加工工艺过程。

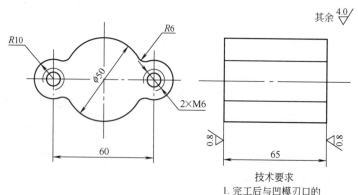

技术要求
1. 完工后与凹模刃口的双面配合间隙为0.04。
2. 材料：CrWMn。
3. 热处理硬度58～62HRC。

图 3-19 凸模

其加工工艺过程见表 3-17。

表 3-17 凸模的加工工艺过程

工 序 号	工 序 名 称	工 序 内 容
1	备料	按尺寸 90mm × 60mm × 70mm 将毛坯锻成矩形
2	热处理	退火
3	粗加工毛坯	铣(刨)六面保证尺寸
4	磨平面	磨两大平面及相邻的侧面,保证垂直
5	钳工划线	划刃口轮廓线及螺孔线
6	刨型面	按线刨刃口型面,留单面余量 0.3mm
7	钳工修正	保证表面平整,余量均匀,加工螺孔
8	热处理	按热处理工艺,保证 58~62HRC
9	磨端面	磨两端面,保证与型面垂直
10	磨型面	成形磨刃口型面达设计要求

例 3-9 分析如图 3-20 所示凹模的加工工艺过程。

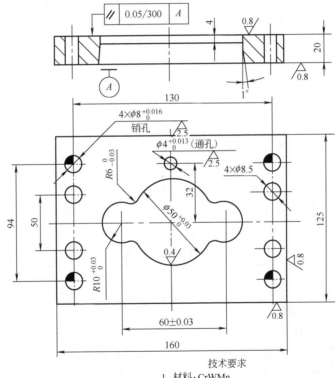

技术要求
1. 材料:CrWMn。
2. 热处理硬度:58~62HRC。

图 3-20 凹模

其加工工艺过程见表 3-18。

表 3-18 凹模零件的加工工艺过程

工 序 号	工 序 名 称	工 序 内 容
1	备料	将毛坯锻成平行六面体,尺寸为 166mm × 130mm × 25mm
2	热处理	退火
3	铣(刨)平面	铣(刨)各平面,厚度留磨削余量 0.6mm,侧面留磨削余量 0.4mm

续表

工序号	工序名称	工序内容
4	磨平面	磨上、下平面,留磨削余量0.3~0.4mm,磨相邻两侧面,保证垂直
5	钳工划线	划出对称中心线、固定孔及销孔线
6	型孔粗加工	在仿铣床上加工型孔,留单边加工余量0.15mm
7	加工余孔	加工固定孔及销孔
8	热处理	按热处理工艺,保证60~64HRC
9	磨平面	磨上、下面及基准面,达要求
10	型孔精加工	在坐标磨床上磨型孔,留研磨余量0.01mm
11	研磨型孔	钳工研磨型孔达规定技术要求

(4) 卸料板的加工工艺

① 卸料板的结构形式见表3-19。

② 卸料板的技术要求

a. 凸模与卸料板孔加工后应有一定的间隙值,对冲压板料厚度在3mm以下的,其单边间隙可取0.3mm;冲压板料厚度大于3mm的,间隙可加大到0.5mm,但不宜过大。

b. 卸料板孔的下面应保证锐角,否则条料易挤进间隙而影响冲压作业。

c. 卸料孔的位置应与凹模工作孔相对应,其形状基本相同。在加工中,一般与凹模型孔配作成形。

d. 卸料板孔的中心轴线必须与卸料板上、下工作面相互垂直。

e. 卸料板的上、下工作平面应保持平行,一般要求在300mm范围内,平行度允差不超过0.02mm。

f. 卸料板上、下工作表面的表面粗糙度R_a不应大于$1.6\mu m$,相邻两个加工面应互为直角。

③ 卸料板的加工方法 卸料板多用Q235和45钢制成,其外形基本与凹模相同,分圆形和矩形两种。坯料预加工工艺与凹模加工相似,即备料→锻造→热处理退火→刨、铣加工→平磨六面→划线→去除内孔多余废料。

表3-19 卸料板的结构形式

卸料板形式	图示	特点及应用范围
刚性卸料板	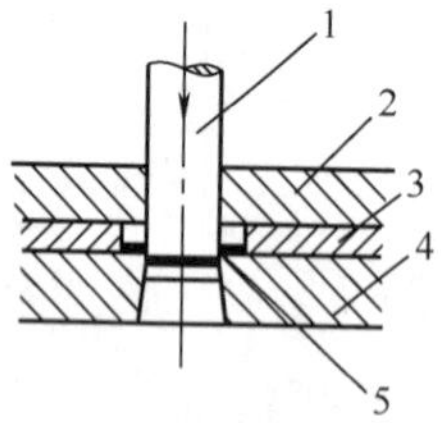 1—凸模;2—卸料板; 3—导板;4—凹模;5—工件	1. 结构简单,工作可靠,卸料力大 2. 适用于平整度要求不高或厚板料冲裁件,通常应用在连续模中
弹性卸料板 (弹簧式)	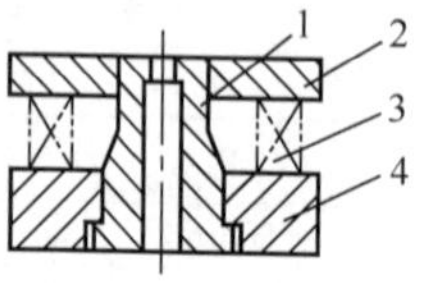 1—凸凹模;2—卸料板; 3—弹簧;4—固定板	1. 工件卸出后较平整,使用操作方便 2. 主要适用于薄板料冲裁,常用于复合模结构

续表

卸料板形式	图示	特点及应用范围
弹性卸料板（缓冲式）	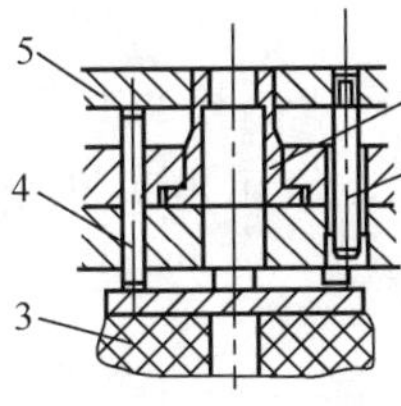 1—凸凹模；2—卸料螺钉；3—橡胶；4—卸料顶杆；5—卸料板	1. 制品卸出后平整，使用方便、可靠 2. 主要用于复合冲裁模

④ 卸料板型孔（卸料孔）加工方法

a. 压印加工法

ⓐ 将坯料划线，利用机械加工出毛坯型孔。

ⓑ 利用凸模或样冲进行压印加工。

ⓒ 钳工修整，保证适当的间隙值。

应注意的问题有：

ⓐ 单面留余量为 0.2~0.5mm。

ⓑ 首次压印深度为 1mm，以后各次可适当增加。

ⓒ 锉修时，不允许碰伤挤压出的光亮面。

ⓓ 压印时的样冲或凸模应与卸料板的工作面垂直。

b. 利用凹模配作卸料板

ⓐ 将预加工的卸料板坯件和用电加工成形的凹模用平形夹钳夹紧，并通过凹模的固定螺钉孔和销孔，配钻卸料板的螺钉过孔及销孔。

ⓑ 对卸料板的螺孔进行打孔、攻螺纹，并与凹模紧固。

ⓒ 按凹模型孔在卸料板上划线。

ⓓ 拆开后，再沿划线轮廓去除废料，并用插床或锉锯机及手工锉成形。

ⓔ 通过加工好的凸模配合进行精锉，保证凸模与卸料板相应孔有一定的间隙。

ⓕ 精锉成形后，再一次与凹模夹紧在一起，并配准凸模，再钻铰销钉孔即可成形。

应注意：卸料板与凹模外形一定要配准并夹紧。适于经电加工后的凹模。锉削时，应经常用凸模研配，使之与凸模修锉成适当的间隙配合精度。

c. 低熔点合金浇注卸料孔

ⓐ 按比例配制合金：铋（Bi）14%；铅（Pb）28.5%；锡（Sb）14.5%；锑（Sn）9%。低熔点合金浇注卸料孔的优点在于操作简单，易于掌握，耐磨性好，精度高，可以加工出特殊形状的卸料孔，并便于维修。按比例配制后，放在坩埚中加热熔化。

ⓑ 将要浇注的卸料板预加工孔去除杂物并涂以氯化锌溶液。

ⓒ 用 2~3mm 厚的钢板做一个垫板，其孔的大小、形状与凹模相同。

ⓓ 把凸模涂上一层漆片或镀铜，其厚度不能超过间隙值。

ⓔ 将卸料板、垫板、凹模用夹钳夹紧，将凸模置入，调好间隙及垂直度。

ⓕ 浇注合金，浇注时注意搅拌。

ⓖ 卸下卸料板，清除余料，放置 10~12h 即可使用。

应注意的问题有：

ⓐ 浇注时注意各种用具、量具应干净、干燥，合金熔化时的温度不要太高。

ⓑ 合金熔化过程中必须搅拌均匀，并随时清除杂质。

ⓒ 浇注时，卸料板、垫板、凹模贴合面应始终保持平行，凸模与其保持垂直。

d. 电加工卸料孔。在有电火花穿孔机或线切割机床时，可用电火花穿孔机及线切割机床直接穿孔及切割。

e. 环氧树脂浇注卸料孔

ⓐ 环氧树脂配方：101# 环氧树脂 100g；间苯二胺 14.5g；600# 碳化硼 80g；邻苯二甲酸二丁酯 10g。

ⓑ 浇注过程：将按比例称好的环氧树脂及碳化硼放在玻璃器皿中，在 60℃恒温箱中使其熔化并不断用玻璃棒搅拌，排出气泡。然后再放入其他材料搅拌成糊状即可使用；用乙醇洗净卸料板孔壁，并在凸模的贴合面涂一层二硫化铝；将凸模放在卸料孔内，并校正好位置，放在恒温箱中加热到 80℃，时间为 30~40min；用料勺将配好的环氧树脂注入凸模与卸料板的间隙内，直至注满为止；将注入环氧树脂的凸模与卸料板组合体放在恒温箱中，温度 140℃，保温 2~3h 后，空冷；卸下卸料板，修整溢出的多余废料及表面杂质，冷凝后即可使用。

注意事项及适用范围：

ⓐ 适用于小型及冲裁厚度小的冲模。

ⓑ 凸模安放在卸料板后，必须调整好凸模与卸料板的相对位置，调整方法是：把卸料板的预加工毛坯与凹模用夹钳夹紧，按凹模的螺孔配钻卸料板螺孔；用螺钉将卸料板与凹模固紧；将凸模涂一层漆片或镀一层铜，但厚度不能超过间隙值；将凸模插入凹模孔中，找正间隙及校正垂直度；将凸模、凹模卸料板的组合体一起放入恒温箱中。

ⓒ 若发现浇注时在浇注部位产生气泡可将其消除后重新浇注。

(5) 凸模固定板的加工工艺

① 凸模固定板技术要求

a. 凸（凹）模固定板的上、下工作表面应相互平行，其平行度的允差在 100mm 范围内应不大于 0.01mm。

b. 固定板上所有安装孔位置均需与凹模相应孔对准，安装孔的尺寸应按凸（凹模）安装部位尺寸及形状配作，并保证所要求的配合精度。

c. 固定板的安装孔与台肩支撑面应相互垂直，其垂直度允差在 100mm 内不大于 0.01mm。

d. 固定板非工作部分外缘锐边应倒成（1~2）mm×45°。

e. 多孔固定板的凸模台肩沉孔深度应相同，其偏差应不大于 0.5mm。

f. 固定板上、下工作表面的表面粗糙度 R_a 应在 3.2~0.80μm 范围内，其材料一般采用 Q235 及 45 钢。

② 凸模固定板坯件的加工　凸模固定板分矩形、圆形两种。其坯件的加工工艺基本与凹模相同，即外廓为圆形的固定板预加工可用车、磨上、下工作面而成；而矩形固定板则用锻、刨、平磨加工成形。加工后的固定板上、下工作平面应平行，表面光洁，相邻两面相互垂直。

③ 凸模固定板型孔的加工　凸模固定板的孔的加工，可用机械加工法，也可以用电加工法，其加工的方法及注意事项如下。

a. 圆形孔。对于直径比较大的圆形孔，采用的方法有：机械加工，利用车床、钻床、镗床加工；利用电火花机床穿孔。钻孔时应与凸模配合加工成Ⅰ级精度过盈配合。

对于直径较小的精密孔，采用的方法为：将预加工的固定板坯件与凹模（已经加工完）用平形夹或螺钉紧固在一起；把紧固的组合体放在平台上，并用等高垫铁垫起；用稍小于凹模孔的钻头，通过凹模孔导向，钻固定板相应孔；卸下固定板，再用钻头进行扩孔，扩孔后用铰刀进行精铰孔到尺寸。

应注意的问题有：凹模与固定板要夹紧牢固，不能发生位移；在加工前应先划线，以使位置精确；钻孔时不要碰坏凹模型孔；钻头一定要垂直固定板的上、下工作平面；铰孔时选用铰刀直径应比图样要求的直径小 $0.1\sim0.15mm$。

b. 不规则形状的孔加工。利用已加工好的卸料板作为导向，用压印法加工孔：将已加工好的卸料板与固定板一起用夹钳夹紧；钻工艺销孔，插入销钉使之定位；在凸模固定板上按卸料孔尺寸划线；钳工按划线粗加工孔并要留压印余量 $0.15\sim0.2mm$；用凸模安装端对其压印成形，每次压印深度为 $0.5\sim1mm$。

注意：压印锉修时，应防止将凸模损坏，最好凸模与样冲一起加工成形，然后锯开，淬硬后分别使用。

还可以将凹模与固定板同时加工：将凹模与固定板分别划线；用工艺销钉将凹模与固定板紧固在一起；同时进行孔的粗加工，去除余料后留压印余量 $0.15\sim0.2mm$；卸除后，分别进行压印锉削加工。

注意：锉削时，应边锉边检查孔壁与支撑面（上平面）的垂直度。

c. 肩台式固定孔的加工。将凸模的工作部位镀铜，厚度与间隙相同；把凸模分别放在凹模孔内，并垂直于凹模工作面，各凸模的上端面应在同一个平面上；将固定板放在平台上，其外形与凹模外形对齐；将凹模反转，使凸模固定端朝下用垫铁垫起，用划针在固定板上按凸模固定端面边缘进行划线；按划线进行孔的加工。

注意：固定板与凹模与凸模的组合外形一定要对齐，凸模一定要垂直凹模与固定板的工作面。

d. 各种形状固定板型孔。在具有电火花加工机床及线切割机床的情况下，固定板型孔与卸料板、凹模同时用电加工方法成形。

注意：加工时，注意固定板型孔与凸模配合间隙。

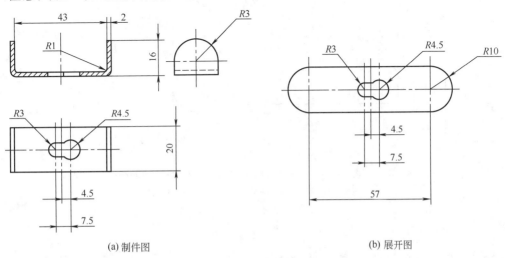

(a) 制件图　　　　　　　　(b) 展开图

图 3-21　支撑板

3.1.2 冲裁模主要零件的制造工艺范例

冲裁模是冲压生产中不可缺少的工艺装备，复合模由于具有结构紧凑、生产率高和冲件精度高等特点，是实际生产中被广泛采用的一种模具结构形式。

图3-21所示为支撑板。该零件的冲压工艺路线是，先落料冲孔，然后再弯曲成形。本单元主要以该零件的落料冲孔复合模（图3-22）为例，介绍冲裁模的加工方法和装配要点。

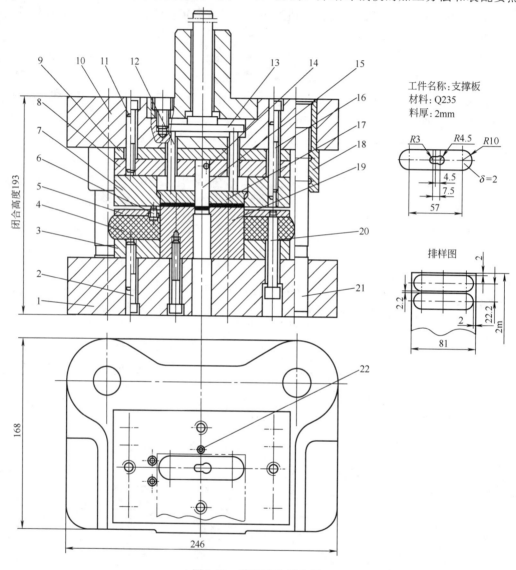

图 3-22　落料冲孔复合模

1—下模座；2,16—内六角螺钉；3—凸凹模固定板；4—橡胶；5—卸料板；6—导料销；
7—落料凹模；8—凸模固定板；9—垫板；10—上模座；11—销钉；12—推杆；
13—推板；14—销；15—冲孔凸模；17—推件板；18—导套；
19—凸凹模；20—卸料螺钉；21—导柱；22—挡料销

（1）冲孔凸模、凸凹模和凹模的制造工艺

本模具凸模、凹模和凸凹模满足分开加工的条件，故采用分开加工的方法。冲孔凸模、落料冲孔凸凹模和落料凹模分别采用线切割加工，为了提高淬透性，采用 Cr12MoV 作为模具材料。其零件图分别见图 3-23～图 3-25。冲孔凸模和落料冲孔凸凹模在线切割加工过程中，需要留有装夹余量，因此，适当地增加了它们的加工余量。其加工工艺过程分别见表 3-20～表 3-22。

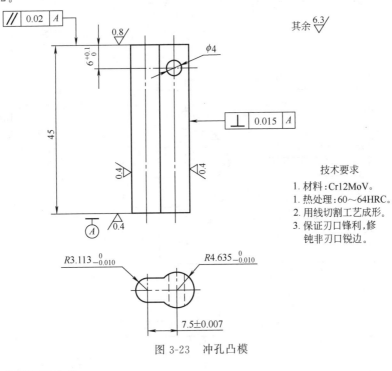

技术要求
1. 材料：Cr12MoV。
1. 热处理：60～64HRC。
2. 用线切割工艺成形。
3. 保证刃口锋利，修钝非刃口锐边。

图 3-23 冲孔凸模

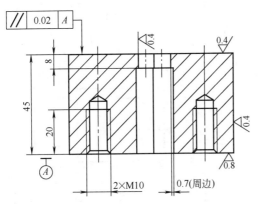

技术要求
1. 材料：Cr12MoV。
1. 热处理：60～64HRC。
2. 用线切割工艺成形。
3. 保证刃口锋利，修钝非刃口锐边。

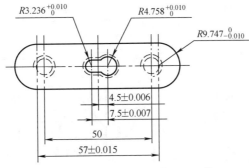

图 3-24 落料冲孔凸凹模

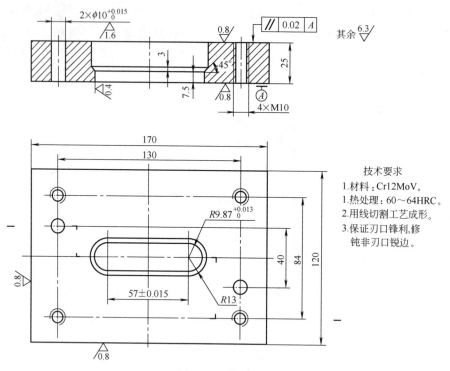

图 3-25 落料凹模

表 3-20 冲孔凸模加工工艺过程

工序号	工序名称	工序内容	设备	工序简图
1	备料	锯床下圆棒料	锯床	φ40×54
2	锻造	将毛坯锻成长方体 50mm×34mm×39mm		50×34×39
3	热处理	退火		
4	粗铣	铣六面达到35mm×30mm×45.6mm且互为直角	铣床	45.6×30×35
5	钳工划线并加工	钳工划线并加工 φ4mm 孔	钻床	φ4, 6.3, 4.5, 19, 35
6	热处理	保证 60~64HRC		

44

续表

工序号	工序名称	工序内容	设备	工序简图
7	磨平面	磨上、下平面至尺寸	磨床	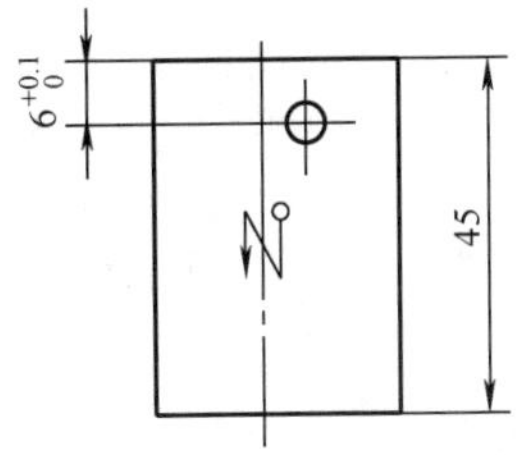
8	线切割	按图线切割至尺寸	线切割机	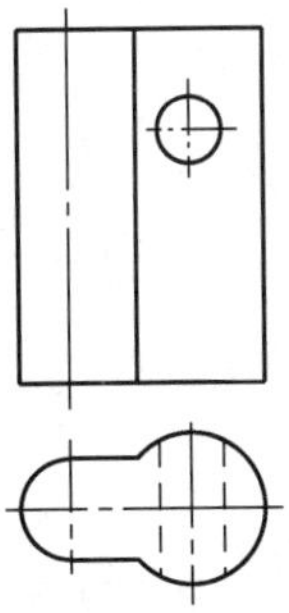
9	钳工精修	全面达到设计要求		
10	检验			

表 3-21 落料冲孔凸凹模加工工艺过程

工序号	工序名称	工序内容	设备	工序简图
1	备料	锯床下圆棒料	锯床	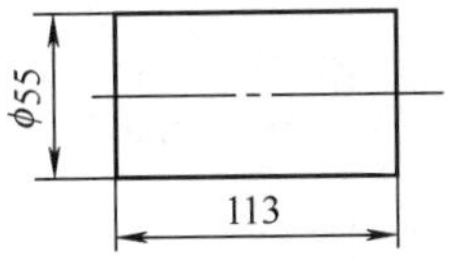
2	锻造	将毛坯锻成长方体 106mm×49mm×50mm		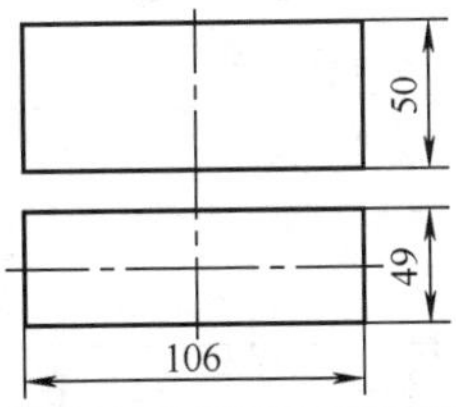
3	热处理	退火		
4	粗铣	铣六面达到102mm×45mm×46.2mm且互为直角	铣床	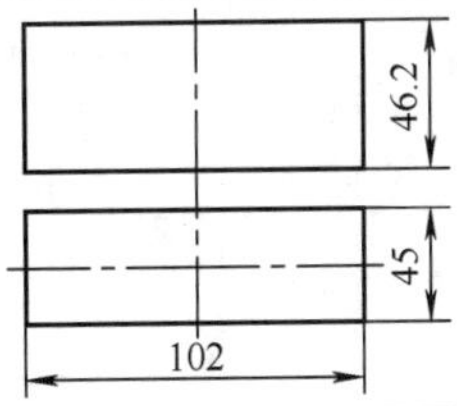
5	磨平面	磨上、下面	磨床	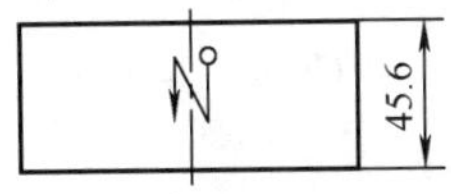
6	钳工划线	划出各孔位置线、型孔轮廓线		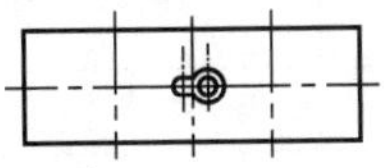

续表

工序号	工序名称	工序内容	设备	工序简图
7	加工螺钉孔及工艺孔	1. 攻"2×M10"螺纹（钻 $\phi 8.5mm$ 底孔） 2. 加工工艺孔 $\phi 5mm$	钻床	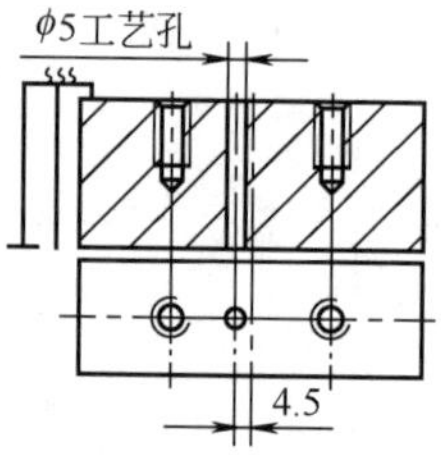
8	铣落料孔	达到设计要求	铣床	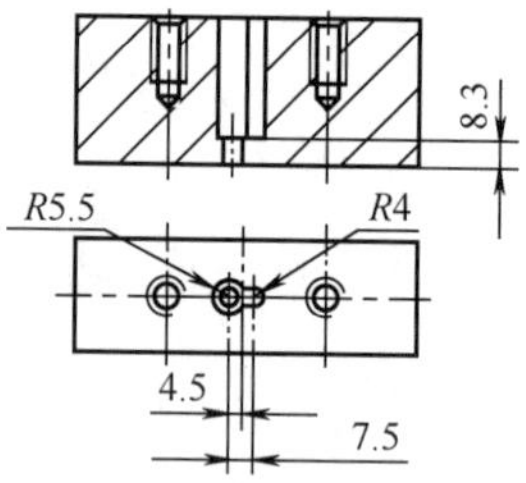
9	热处理	保证 60～64HRC		
10	磨平面	磨上、下平面至尺寸	磨床	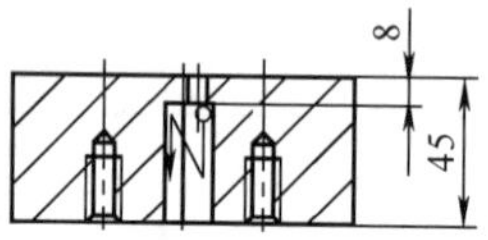
11	线切割	线切割内孔和外形达到尺寸要求	线切割机	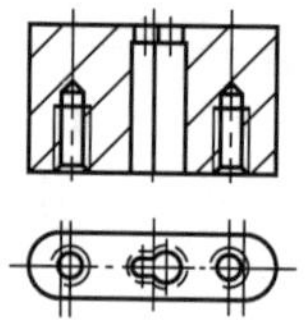
12	钳工精修	全面达到设计要求		
13	检验			

表 3-22 落料凹模加工工艺过程

工序号	工序名称	工序内容	设备	工序简图
1	备料	锯床下圆棒料	锯床	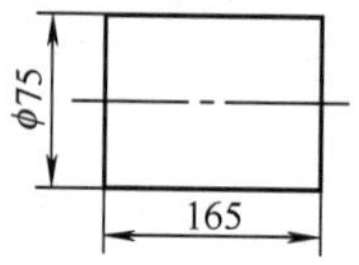
2	锻造	将毛坯锻成长方体 176mm×126mm×32mm		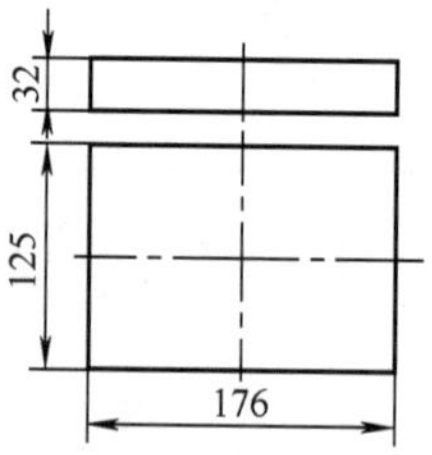
3	热处理	退火		

续表

工序号	工序名称	工序内容	设 备	工序简图
4	粗铣	铣六面达到170.4mm×120.4mm×26.2mm	铣床	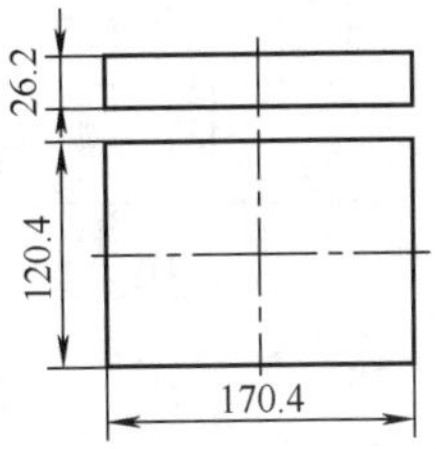
5	磨平面	磨上、下平面(单面留磨量0.3mm)和相邻两侧面,保证各面相互垂直(用90°角尺检查)	磨床	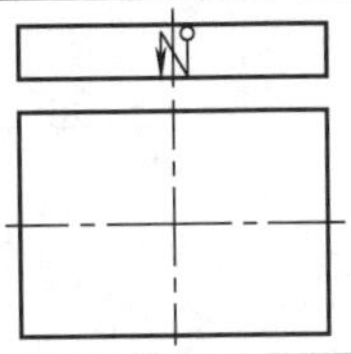
6	钳工划线	划出各孔位置线、型孔轮廓线		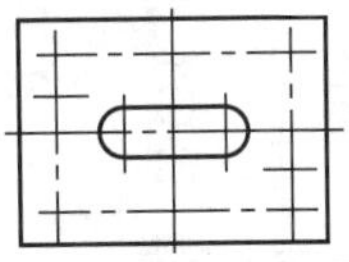
7	钻孔攻螺纹	1. 攻"4×M10"螺纹(钻$\phi 8.5$mm底孔) 2. 加工工艺孔$\phi 5$mm 3. 钻铰"2×$\phi 10^{+0.015}_{0}$"销孔	钻床	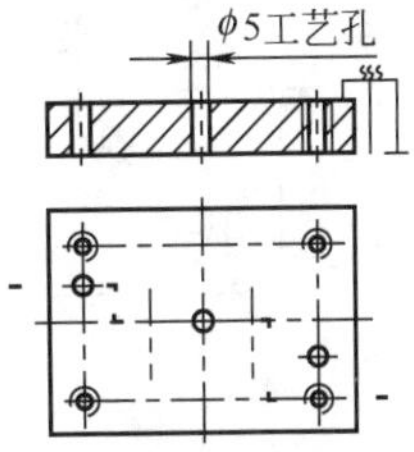
8	铣长槽	按尺寸加工长槽孔,保证尺寸7.5mm	铣床	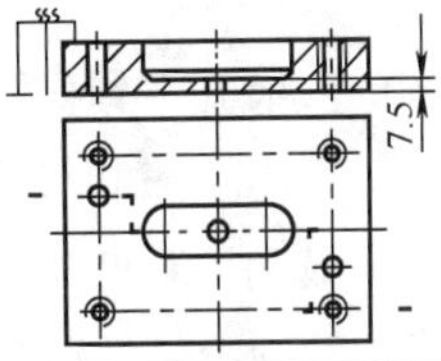
9	热处理	保证60~64HRC		
10	磨平面	磨上、下平面及相邻两侧面至尺寸	磨床	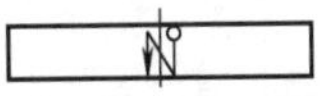
11	线切割	按图切割型孔,达到尺寸要求	线切割机	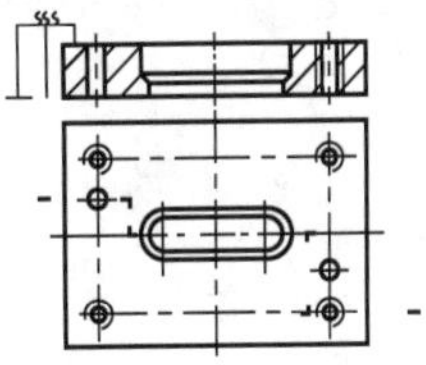
12	钳工精修	全面达到设计要求		
13	检验			

(2) 上、下模座的制造工艺

模座是整个模具的基础零件,模具上所有的零件都直接或间接固定在上、下模座上,因此,要求模座应具有足够的刚度和强度,上、下模座的材料选用HT200。其零件图分别见图3-26和图3-27。上、下模座的导套、导柱安装孔中心距必须一致,导套、导柱安装孔的

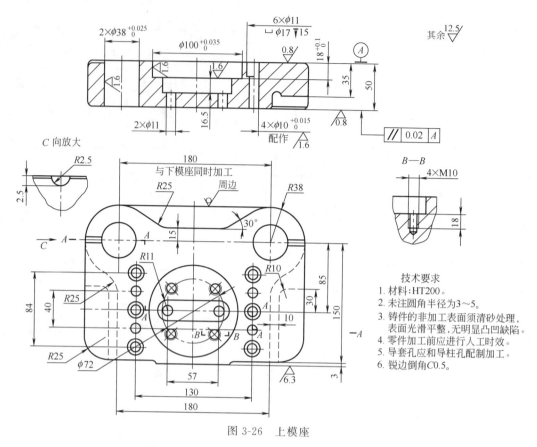

图 3-26 上模座

轴线应与模座的上、下平面垂直。

导柱、导套的安装孔在镗削加工时，为了保证孔的中心距一致，要将上、下模座重叠在一起，一次装夹同时镗出导柱和导套的安装孔。另外注意：上模座的销孔"$2×\phi10^{+0.015}_{0}$"要在装配时按凸模固定板和落料凹模上销孔的实际位置加工；下模座的销孔"$2×\phi10^{+0.015}_{0}$"要在装配时按凸凹模固定板上销孔的实际位置加工；上、下模座的螺钉过孔要等到模具装配时，调整好凸凹模与凸模和凹模的间隙后方可加工。上、下模座的加工工艺过程见表 3-23 和表 3-24。

表 3-23 上模座加工工艺过程

工序号	工序名称	工序内容	设备	工序简图
1	备料	铸造毛坯		
2	铣平面	铣上、下平面，保证尺寸 50.8mm	铣床	
3	磨平面	磨上、下平面，保证尺寸 50mm	平面磨床	

续表

工序号	工序名称	工序内容	设备	工序简图
4	钳工划线	划前部、导套孔和各孔中心线		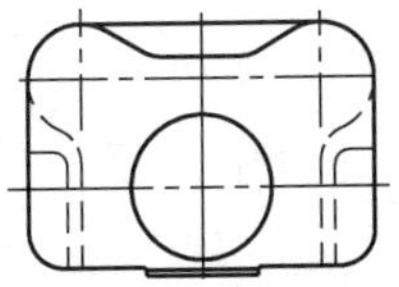
5	铣床加工	1. 按划线铣前部和肩台至尺寸 2. 镗孔"$\phi100^{+0.035}_{0}$",深"$18^{+0.1}_{0}$"。至尺寸 3. 铣长槽至尺寸	铣床	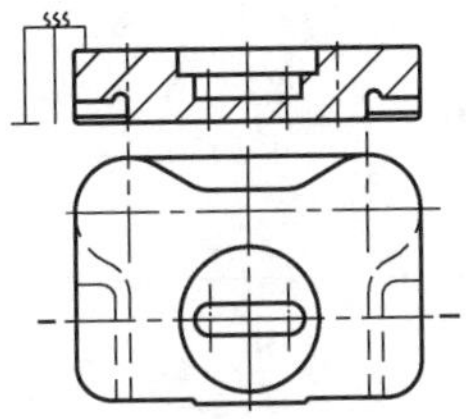
6	钳工划线	划"4×M10"螺钉孔中心线和"2×ϕ11"孔中心线		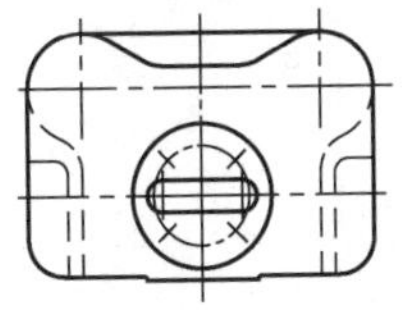
7	钻孔、攻螺纹	1. 钻导套孔 ϕ36mm 2. 加工"2×ϕ11" 3. 攻"4×M10"螺纹（钻 ϕ8.5mm 底孔）	钻床	
8	镗孔	和下模座重叠，一起镗孔至"$\phi38^{+0.025}_{0}$"。	镗床	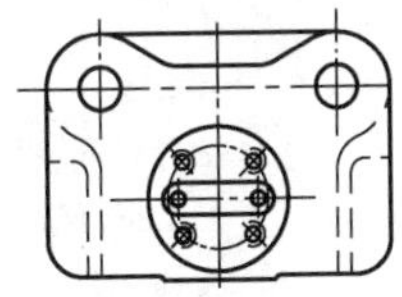
9	铣槽	按线铣"R2.5"的圆弧槽	卧式铣床	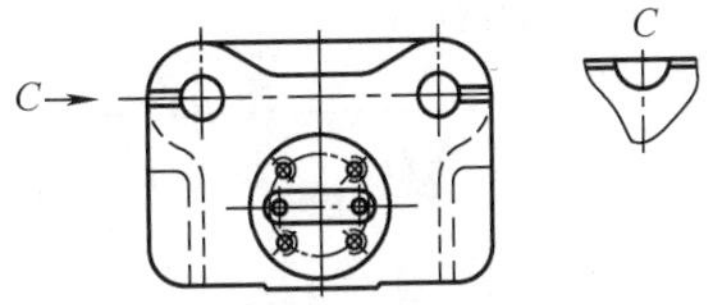
10	检验			

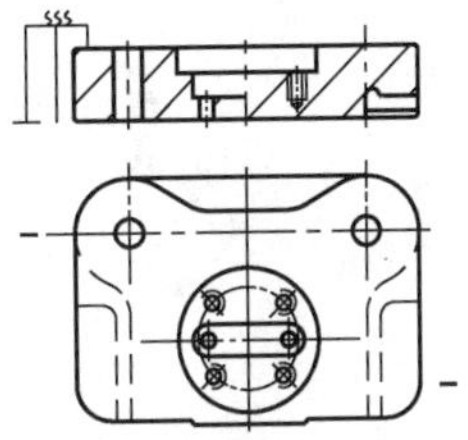

表 3-24 下模座加工工艺过程

工序号	工序名称	工序内容	设备	工序简图
1	备料	铸造毛坯		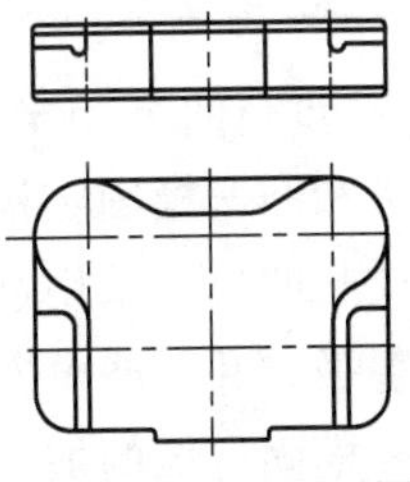

续表

工序号	工序名称	工序内容	设备	工序简图
2	铣平面	铣上、下平面,保证尺寸 50.8mm	铣床	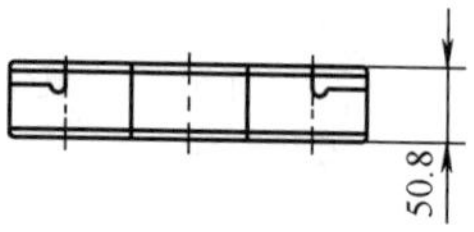
3	磨平面	磨上、下平面,保证尺寸 50mm	平面磨床	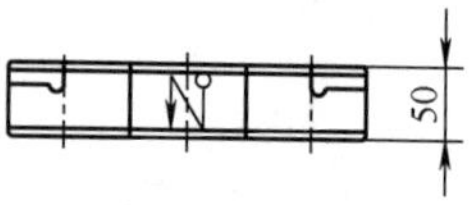
4	钳工划线	划前部、导柱孔线和各孔中心线		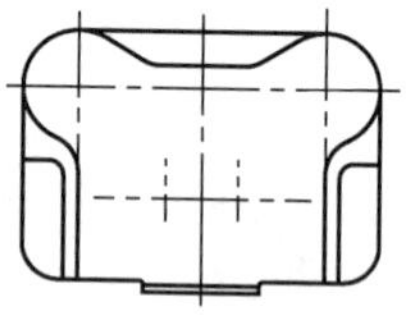
5	铣床加工	1. 按划线铣前部和肩台至尺寸 2. 铣"斜7.5°"落料孔	立铣床	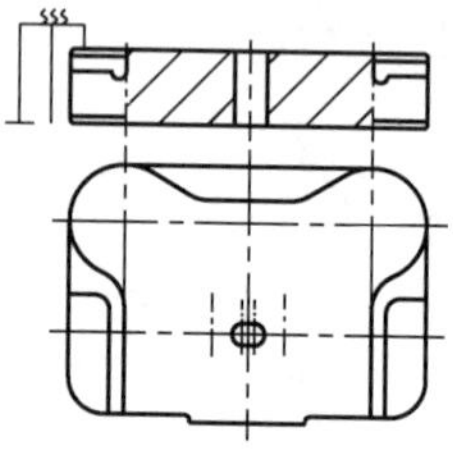
6	钻孔	1. 钻导柱孔 $\phi23$mm 2. 加工螺钉过孔"2×$\phi11$/沉孔 $\phi17$"	钻床	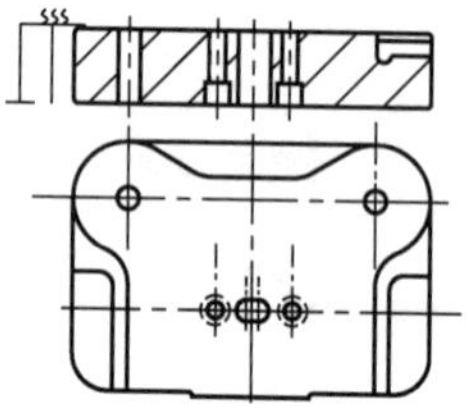
7	镗孔	和上模座重叠,一起镗孔至"$\phi25^{+0.021}_{0}$"	镗床	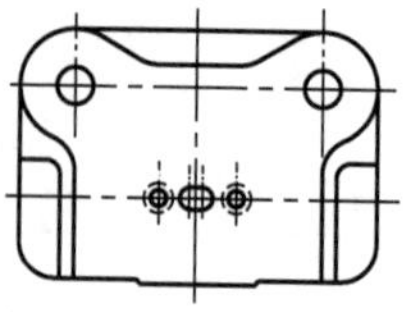
8	检验			

(3) 凸模固定板和凸凹模固定板的制造工艺

凸模固定板和凸凹模固定板如图 3-28 和图 3-29 所示,固定板上的凸模(或凸凹模)安装孔与凸模(或凸凹模)采用过渡配合,凸模压装后,端面要与固定板一起磨平;固定板的上、下表面应磨平,并与凸模安装孔的轴线垂直。固定板采用 45 钢制造,不需热处理。凸模固定板和凸凹模固定板的加工工艺过程分别见表 3-25 和表 3-26。

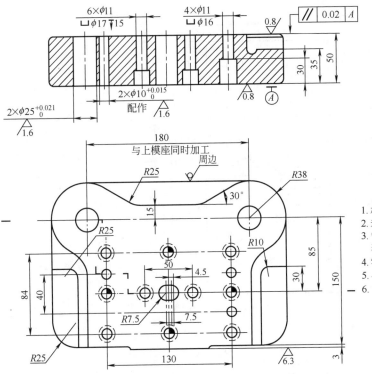

图 3-27 下模座

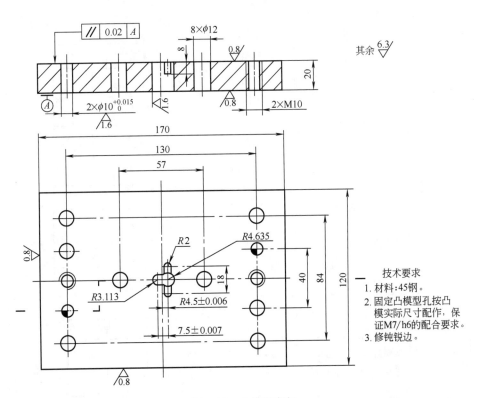

图 3-28 凸模固定板

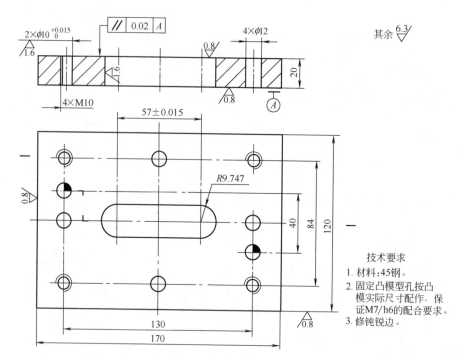

图 3-29　凸凹模固定板

表 3-25　凸模固定板加工工艺过程

工序号	工序名称	工序内容	设备	工序简图
1	下料	按尺寸 174mm×124mm×25mm 下料		
2	铣六面	铣六面至尺寸 170.4mm×120.4mm×20.6mm	铣床	
3	磨平面	磨上、下平面和相邻两侧面,保证各面相互垂直(用 90°角尺检查)	磨床	

续表

工序号	工序名称	工序内容	设备	工序简图
4	钳工划线	划出各孔位置线和型孔轮廓线		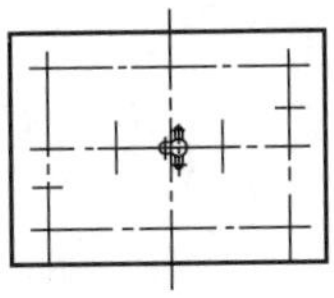
5	钻孔	1. 按划线钻"8×ϕ12"孔 2. 攻"2×M10"螺纹（钻ϕ8.5mm底孔） 3. 钻铰销孔"2×ϕ10$^{+0.015}_{0}$"	钻床	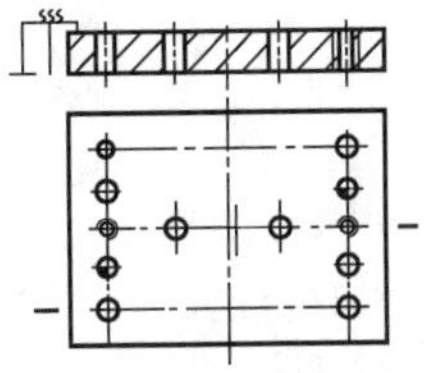
6	铣槽	按线铣槽，单边留余量0.2mm	铣床	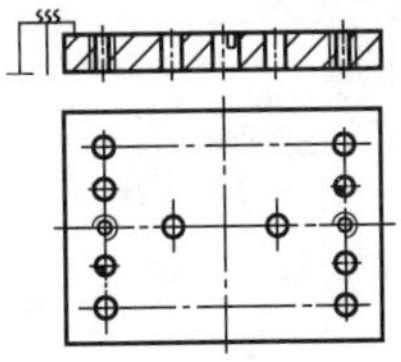
7	钳工修配	钳工按凸模修配型槽，全面达到设计要求		
8	检验			

表 3-26 凸凹模固定板加工工艺过程

工序号	工序名称	工序内容	设备	工序简图
1	下料	按尺寸 174mm×124mm×25mm下料		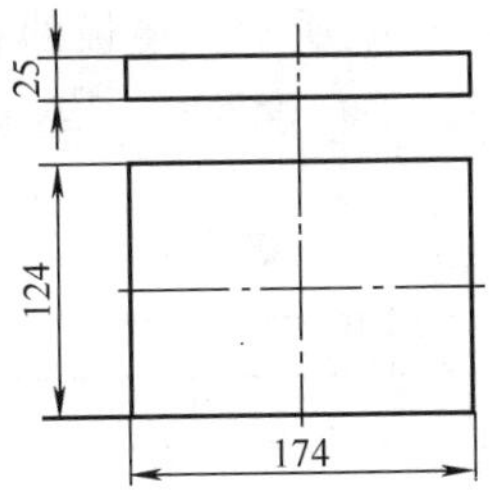
2	铣六面	铣六面至尺寸170.4mm×120.4mm×20.6mm	铣床	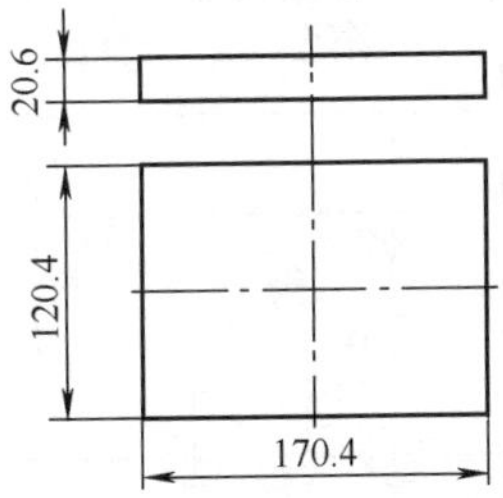
3	磨平面	磨上、下平面和相邻两侧面，保证各面相互垂直（用90°角尺检查）	磨床	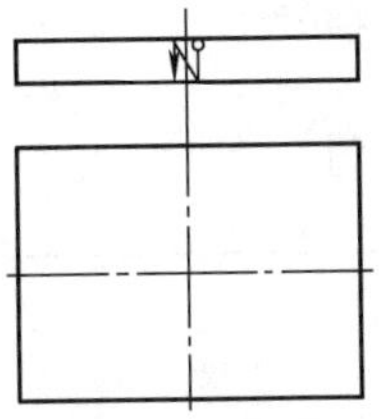

续表

工序号	工序名称	工序内容	设备	工序简图
4	钳工划线	划出各孔位置线和型孔轮廓线		
5	钻孔	1. 按划线钻"4×ϕ12"孔 2. 攻"4×M10"螺纹（钻ϕ8.5mm底孔） 3. 钻铰销孔"2×ϕ10$^{+0.015}_{0}$"	钻床	
6	铣长槽	按线铣槽，单边留余量0.2mm	铣床	
7	钳工修配	钳工按凸模修配长槽，全面达到设计要求		
8	检验			

(4) 垫板的制造工艺

垫板如图 3-30 所示，垫板的材料为 45 钢，淬火硬度为 43～48HRC；垫板上、下表面应磨平，以保证平行度要求。垫板的加工工艺过程见表 3-27。

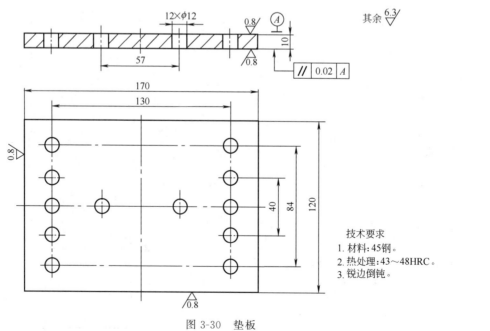

图 3-30 垫板

技术要求
1. 材料：45钢。
2. 热处理：43～48HRC。
3. 锐边倒钝。

表 3-27 垫板加工工艺过程

工序号	工序名称	工序内容	设备	工序简图
1	下料	按尺寸 174mm×124mm×15mm 下料		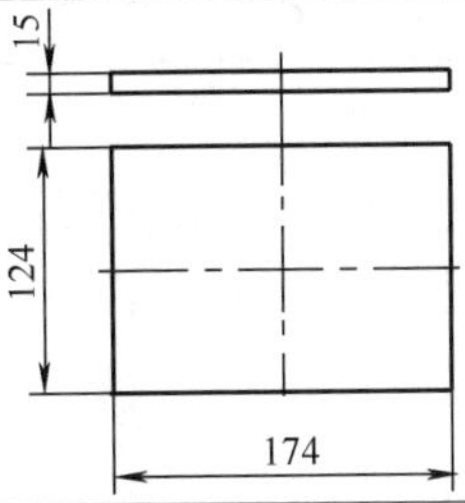
2	铣六面	铣六面至尺寸 170.4mm×120.4mm×11.2mm	铣床	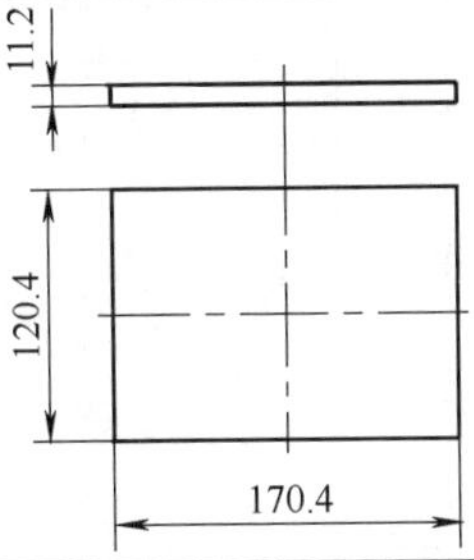
3	磨平面	磨上、下平面和相邻两侧面,保证各面相互垂直(用90°角尺检查)	磨床	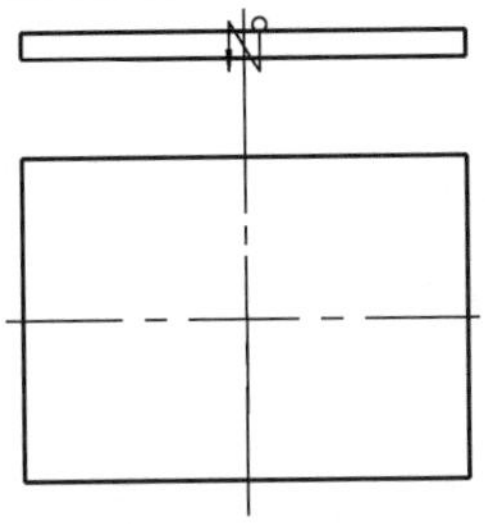
4	钳工划线	划出各孔位置线		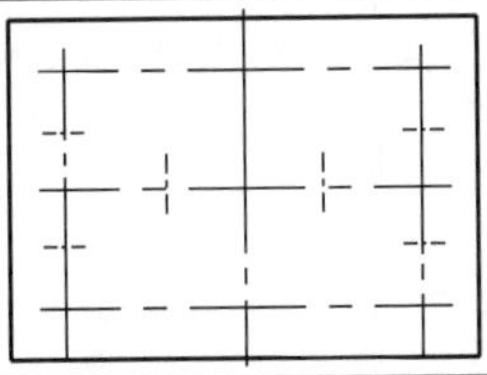
5	钻孔	按划线钻"12×φ12"孔	钻床	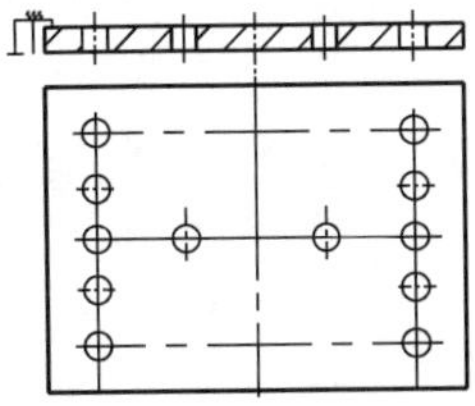
6	热处理	43~48HRC		
7	磨平面	磨上、下平面至尺寸	磨床	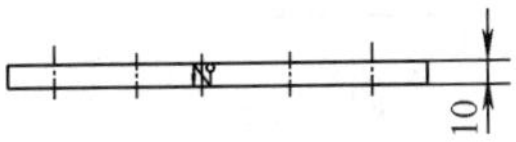
8	钳工精修	全面达到设计要求		
9	检验			

(5) 卸料板的制造工艺

卸料板如图 3-31 所示,卸料板采用 45 钢制造,热处理硬度为 40~45HRC。卸料板的加工工艺过程见表 3-28。

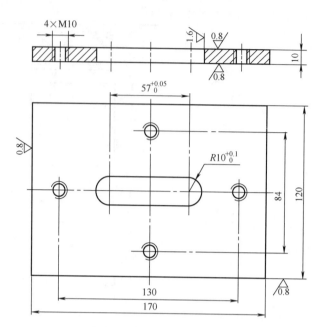

图 3-31 卸料板

表 3-28 卸料板加工工艺过程

工序号	工序名称	工序内容	设备	工序简图
1	下料	按尺寸 174mm×124mm×15mm 下料		
2	铣六面	铣六面至尺寸 170.4mm×120.4mm×11.2mm	铣床	
3	磨平面	磨上、下平面(单面留磨量 0.3mm)和相邻两侧面,保证各面相互垂直(用 90°角尺检查)	磨床	

续表

工序号	工序名称	工序内容	设备	工序简图
4	钳工划线	划出各孔位置线和型孔轮廓线		
5	钻孔攻螺纹	按划线位置攻"4×M10"螺纹（钻 $\phi 8.5$mm 底孔）	钻床	
6	铣长槽	铣长槽至尺寸	铣床	
7	热处理	40～45HRC		
8	磨平面	磨上、下平面至尺寸	磨床	
9	钳工精修	全面达到设计要求		
10	检验			

(6) 推件板的制造工艺

推件板如图 3-32 所示，一般选用 45 钢制造，热处理硬度为 43～48HRC。推件板的加工工艺过程见表 3-29。

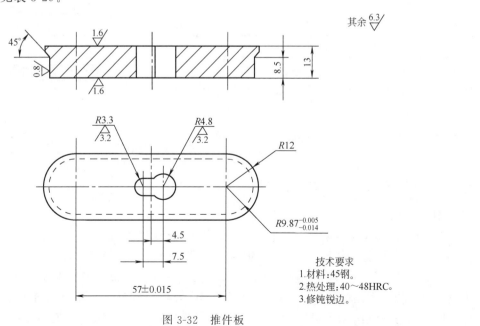

技术要求
1. 材料：45钢。
2. 热处理：40～48HRC。
3. 修钝锐边。

图 3-32 推件板

表 3-29 推件板加工工艺过程

工序号	工序名称	工序内容	设备	工序简图
1	下料	按尺寸 87mm×30mm×18mm 下料		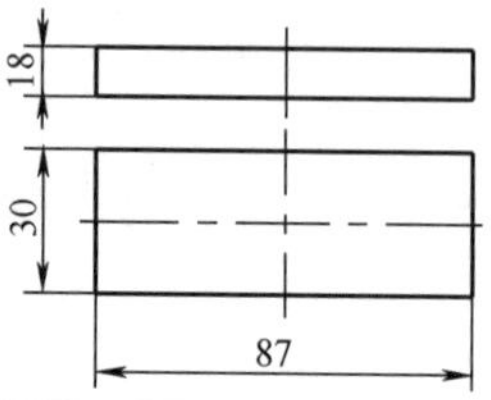
2	铣平面	铣六面至尺寸 83.4mm×26.4mm×14.2mm	铣床	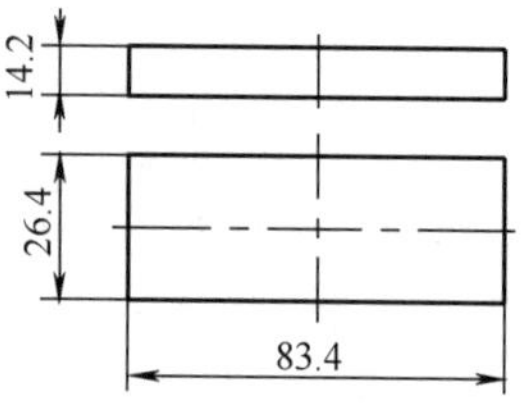
3	磨平面	磨上、下平面和相邻两侧面,保证各面相互垂直(用90°角尺检查)	磨床	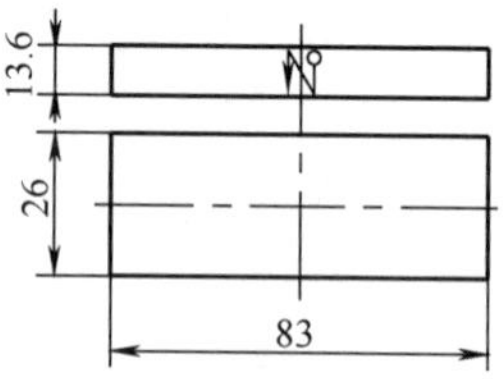
4	钳工划线并	钳工划出内孔和外形		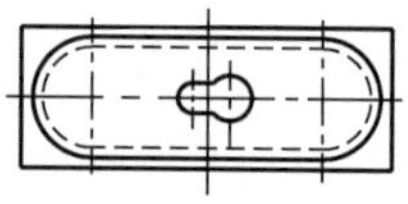
5	铣内孔和外形	按划线位置铣内孔和外形至尺寸	铣床	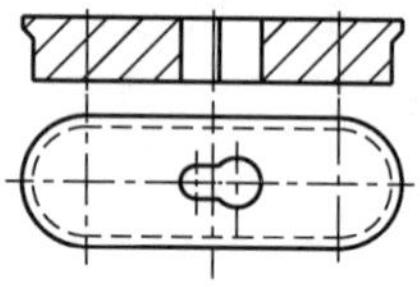
6	热处理	43～48HRC		
7	磨平面	磨上、下面至尺寸	磨床	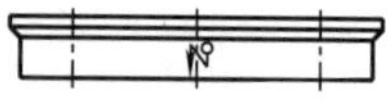
8	钳工精修外形	全面达到设计要求		
9	检验			

3.1.3 冲裁模的装配要点与调整

(1) 组件装配

① 凸模、凹模与固定板的装配(凸模组件、凹模组件)

a. 铆接式凸模与固定板的装配。铆接式凸模与固定板的装配过程如图 3-33 所示,装配时将固定板置于等高垫块上,将凸模放入安装孔内,在压力机上慢慢压入,边压入边检验凸模垂直度。压入后用凿子和锤子将凸模端面铆合,然后在磨床上将其端面磨平,如图 3-34(a)所示。为保持凸模刃口锋利,以固定板支撑板定位,磨削凸模工作端面,如图 3-34

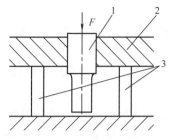
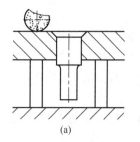
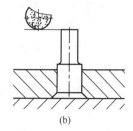

图 3-33 铆接式凸模与固定板的装配
1—凸模；2—凸模固定板；3—等高垫块

图 3-34 磨凸模端面

（b）所示。

b. 压入式凸模与固定板的装配。压入式凸模与固定板的装配过程如图 3-35 所示。其装配过程和要点与模柄的装配相同。

c. 凹模镶块与固定板的装配。凹模镶块与固定板的装配过程和模柄的装配过程相近（见模柄的装配），如图 3-36 所示。装配后在磨床上将组件的上、下平面磨平，并检验型孔中心线与平面的垂直度。

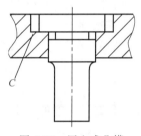
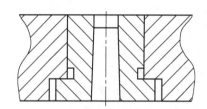

图 3-35 压入式凸模

图 3-36 凹模镶块的装配

② 模柄的装配（模柄组件） 压入式模柄的装配过程如图 3-37 所示。装配前要检查模柄和上模座配合部位的尺寸精度和表面粗糙度，并检验模座安装面与平面的垂直度。装配时将上模座平放在压力机上，将模柄慢慢压入（或用铜棒打入）模座，要边压边检查模柄垂直度，直至模柄台阶面与安装孔台阶面接触为止。合格后，加工骑缝销孔，安装骑缝销，最后磨平端面。

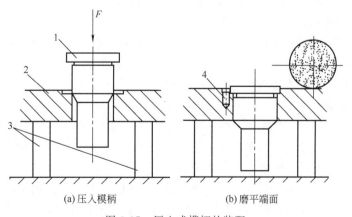

(a) 压入模柄　　(b) 磨平端面

图 3-37 压入式模柄的装配
1—模柄；2—上模座；3—等高垫铁；4—骑缝销

(2) 冲模总装配要点

① 选择装配基准件　装配前首先确定装配基准件，根据模具主要零件的相互依赖关系，以及装配方便和易于保证装配精度要求，确定装配基准件。依据模具类型不同，导板模以导板作为装配基准件，复合模以凸凹模作为装配基准件，级进模以凹模作为装配基准件，模座有窝槽结构的以窝槽为装配基准面。

② 确定装配顺序　根据各个零件与装配基准件的依赖关系和远近程度确定装配顺序。先装配零件要有利于后续零件的定位和固定，不得影响后续零件的装配。

③ 控制间隙　装配时要严格控制凸、凹模之间的间隙并保证间隙均匀。

④ 位置正确，动作无误　模具内各活动部件必须保证位置尺寸准确，活动配合部位动作灵活可靠。

⑤ 试冲　试冲是模具装配的重要环节，通过试冲发现问题，并采取措施排除故障。

(3) 单工序模装配、试模

① 装配前的分析　图 3-38 所示为单工序冲模，在使用时下模座部分被压紧在压力机的工作台上，是模具的固定部分。上模座部分通过模柄与压力机的滑块连在一体，是模具的活动部分。模具工作时安装在活动部分和固定部分上的模具零件，必须保证正确的相对位置，才能使模具获得正常的工作状态。装配模具时为了方便地将上、下两部分的零件调整到正确位置，使凸、凹模具有均匀的冲裁间隙，应正确安排上、下模的装配顺序。

② 组件装配　将模柄 7 装配于上模座 11 内，磨平端面。将凸模 12 装入凸模固定板 5 内，磨平凸模固定端面。

③ 确定装配基准

a. 对于无导柱冲模，其凸、凹模间隙是在模具安装到压力机上进行调整的，上、下模的装配顺序对装配过程影响不大，但应注意压力中心的重合。

b. 对于有导柱冲模，根据装配顺序方便和易于保证精度要求，确定以凸模或凹模作为基准。例如，图 3-38 的导柱式落料模可选凹模作为基准，先装下模部分。

④ 装配的步骤

a. 将凹模放在下模座上，按中心线找正凹模的位置，用平行夹头夹紧，通过螺钉孔在下模座上钻出锥窝。拆去凹模，在下模座上按锥窝钻螺纹底孔并攻螺纹。再重新将凹模板置于下模座上校正，用螺钉紧固。钻铰销钉孔，打入销钉定位。

b. 在凹模上安装挡料销 3，在下模座上安装螺钉 2。

c. 配钻卸料螺钉孔。将卸料板套在已装入固定板的凸模 12 上，在凸模固定板 5 与卸料板之间垫入适当高度的等高垫铁，并用平行夹头夹紧。按卸料板上的螺钉孔在固定板上钻出锥窝，拆开平行夹头后按锥窝钻固定板上的螺钉过孔。

d. 将已装入固定板的凸模 12 插入凹模的型孔中。在凹模与凸模固定板 5 之间垫入适当高度的等高垫铁，将垫板 8 放在凸模固定板 5 上，装上上模座，用平行夹头将上模座 11 和凸模固定板 5 夹紧。通过凸模固定板在上模座 11 上钻出锥窝，拆开后按锥窝钻孔。然后用止动销 9 稍加紧固上模座、垫板、凸模固定板。

e. 调整凸、凹模的配合间隙。将装好的上模部分套在导柱上，用手锤轻轻敲击凸模固定板 5 的侧面，将凸模插入凹模的型孔，再将模具翻转，用透光调整法调整凸、凹模的配合间隙，使配合间隙均匀。

f. 将卸料板套在凸模上，装上弹簧和卸料螺钉，装配后要求卸料板运动灵活并保证在弹

第 3 章 冲压模具制造工艺课程设计范例详解

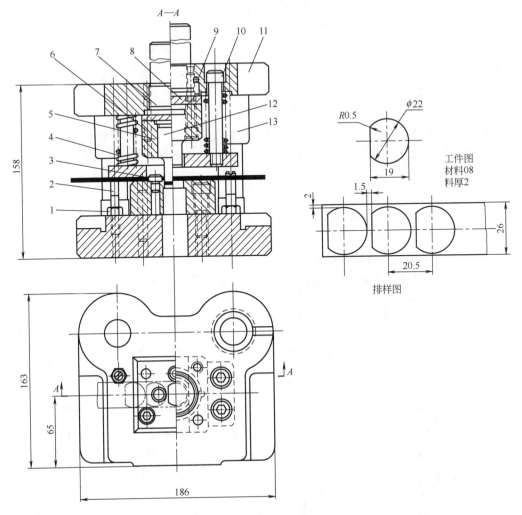

图 3-38 导柱式落料模
1—螺母；2—螺钉；3—挡料销；4—弹簧；5—凸模固定板；6—销钉；7—模柄；
8—垫板；9—止动销；10—卸料螺钉；11—上模座；12—凸模；13—导套

簧作用下卸料板处于最低位置时，凸模的下端面应缩在卸料板的孔内约 0.3～0.5mm 左右。

冲模装配完成后，在生产条件下进行试冲，可以发现模具的设计和制造时存在的一些问题，经调整及修正以冲出合格的制件。

⑤ 冲裁模的调整及修正　冲裁模常见的问题及其解决办法如下。

a. 冲裁断面质量不符合要求　表现在冲裁件的断面圆角太大，毛刺太大；或者与此相反，冲裁件的断面光亮带太大，甚至出现双光亮带；或者断面质量沿周边分布不均匀。

冲裁件的断面圆角太大说明凸、凹模间隙太大，应更换凸模，加大凸模尺寸或者将凹模加热至 800℃ 左右，用压柱对刃口部分加压，缩小刃口尺寸，然后进行消除热应力处理，再重新加工凹模。冲裁件出现双光亮带，说明间隙过小，应加大间隙，可以根据工件尺寸情况采取修磨凸模或凹模的办法，局部间隙太大或太小则应局部修正。

b. 卸料不顺利　由于卸料板与凸模配合过紧，或因卸料板倾斜而卡紧，这时应重新修磨卸料板、顶板等零件，或重新装配；凹模存在倒锥度造成工件堵塞，这时应修磨凹模；顶杆过短或长短不一，应加长顶杆，或修整各顶杆，使其长度一致。

c. 凸、凹模刃口相咬　凸、凹模与安装面不垂直或不同轴，这时应重磨安装面或重装凸、凹模；上、下模座不平行，这时应以下模座底面为基准修磨上模座的上平面；卸料板的孔位不正或孔壁不垂直，导致凸模位移或倾斜，这时应修整或更换卸料板。

(4) 复合模的装配

① 装配前的分析　复合模是压力机的一次行程中完成两个或两个以上的冲压工序的模具。复合模结构紧凑，冲裁件的内外形表面相对位置精度高，冲压生产效率高，因此对复合模装配精度的要求也高。现以图3-39所示的落料冲孔复合模为例说明复合模的装配过程。

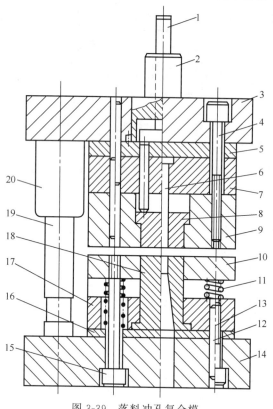

图3-39　落料冲孔复合模
1—顶杆；2—模柄；3—上模座；4,13—螺钉；5,16—垫板；
6—凸模；7—凸模固定板；8—顶出器；9—凹模；10—卸料板；
11—弹簧；12—销钉；14—下模座；15—卸料螺钉；
17—凸凹模固定板；18—凸凹模；
19—导柱；20—导套

a. 将模柄2装配于上模座3的模柄孔内并磨平端面。

b. 将凸模6装入凸模固定板7内，作为凸模组件。

c. 将凸凹模18装入凸凹模固定板17内，作为凸凹模组件。

② 确定装配基准件　落料冲孔复合模应以凸凹模为装配基准件，装配时首先确定凸凹模在模架中的位置。

a. 安装凸凹模组件，加工下模座落料孔。确定凸凹模组件在下模座上的位置，然后用平行夹板将凸凹模组件、垫板和下模座夹紧，在下模座上划出漏料孔线。

b. 加工下模座和垫板漏料孔，下模座漏料孔尺寸应比凸凹模漏料孔尺寸单边大0.5~1mm。

c. 安装固定凸凹模组件，将凸凹模组件在下模座重新找正定位，用平行夹板夹紧。钻、铰销孔和螺孔，装入销钉12和螺钉13。

③ 安装上模部分

a. 检查上模各个零件尺寸是否能满足装配技术条件要求，如顶出器8的顶出端面应凸出落料凹模端面等，检查各零件尺寸是否合适、动作是否灵活等。

b. 安装上模，调冲裁间隙。将上模部分各零件分别装于上模座3和模柄2孔内。用平行夹板将凹模9、凸模组件、垫板5和上模座3轻轻夹紧，然后调整凸模组件和凸凹模18的冲孔凹模的冲裁间隙，调整凹模9和凸凹模18的落料凸模的冲裁间隙。调整间隙时可以采用垫片法，并对纸片进行手动试冲，直至内、外形冲裁间隙均匀，再用平行夹板将上模各板夹紧。

c. 钻铰上模销孔和螺孔。上模部分通过平行夹板夹紧，在钻床上以凹模9上的销孔和螺孔作为引钻孔，钻铰销钉孔和螺孔。然后安装定位销和螺钉4，拆掉平行夹板。

④ 安装弹压卸料部分

a. 安装弹压卸料板时，将弹压卸料板套在凸凹模上，弹压卸料板和凸凹模组件端面垫上平行垫板，保证弹压卸料板上端面与凸凹模上平面的装配位置尺寸，用平行夹板将弹压卸料板和下模夹紧，然后一起在钻床上钻削卸料螺钉孔，拆掉平行夹板，最后将下模各板卸料螺钉孔加工到规定尺寸。

b. 安装卸料弹簧和定位销，在凸凹模组件上和弹压卸料板上分别安装弹簧 11 和销钉 12，拧紧卸料螺钉 15。

⑤ 自检　按冲模技术条件进行总装配检查。

⑥ 检验。

⑦ 试冲。

(5) 级进模的装配

级进模对步距精度和定位精度要求比较高，装配难度大，对零件的加工精度要求也比较高。现以图 3-41 中的游丝支片的级进冲裁模为例说明其装配过程。游丝支片的排料图与制件图见图 3-40。

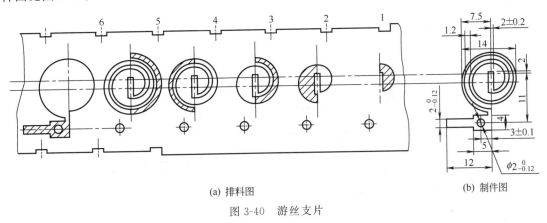

(a) 排料图　　　(b) 制件图

图 3-40　游丝支片

1) 级进冲裁模装配精度要点

① 凹模上各型孔的位置尺寸及步距要求加工正确、装配准确，否则冲压制件很难达到规定要求。

② 凹模上型孔、凸模固定板和卸料板的型孔位置尺寸必须一致，即装配后各组型孔的中心线必须一致。

③ 各组凸、凹模的冲裁间隙应均匀一致。

2) 装配基准件

级进冲裁模应该以凹模为装配基准件。级进冲裁模的凹模分为两大类：整体凹模和拼块凹模。整体凹模各型孔的孔径尺寸和型孔位置尺寸在零件加工阶段都已经保证；拼块凹模的每一个凹模拼块虽然在零件加工阶段已经很精确了，但是装配成凹模组件后，各型孔的孔径尺寸和型孔位置尺寸不一定符合规定要求，因此必须在凹模组件上对孔径和孔距尺寸重新检查、修配和调整，并且与各凸模实配和修整，保证每个型孔的凸模和凹模都有正确的尺寸和冲裁间隙。只有经过检查、修配和调整合格的凹模组件才能作为装配基准件。

3) 组件装配

① 凹模组件　现以图 3-42 所示凹模组件说明其装配过程。

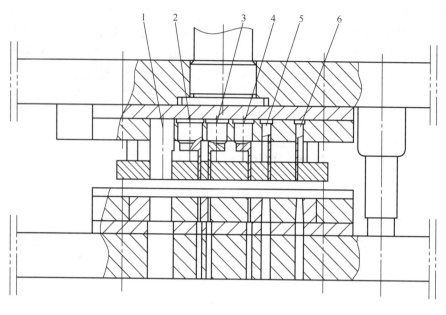

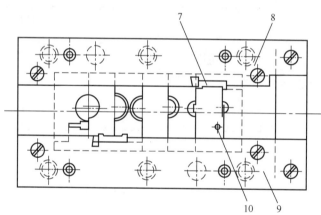

图 3-41 游丝支片级进冲裁模装配简图

1—落料凸模；2~6—凸模；7—侧刃；8,9—导料板；10—冲孔凹模

该凹模组件由 9 个凹模拼块和 1 个凹模模套拼合而成，形成 6 个冲裁工位和 2 个侧刃孔，各个凹模拼块都以各型孔中心分段，即拼块宽度尺寸等于步距尺寸。

a. 初步检查修配凹模拼块，组装前检查修配各个凹模拼块的宽度尺寸（即步距尺寸）、型孔孔径和位置尺寸。并要求凹模、凸模固定板和卸料板相应尺寸要一致。

b. 按图示要求拼接各凹模拼块并检查相应凸模和凹模型孔的冲裁间隙，不妥之处进行修配。

c. 组装凹模组件。将各凹模拼块压入模套（凹模固定板）并检查实际装配过盈量，不当之处修整，将凹模组件上下面磨平。

d. 检查修配凹模组件。对凹模组件各型孔的孔径和孔距尺寸再次检查，发现不当之处进行修配，直至达到图样规定的要求。

e. 复查修配凸凹模冲裁间隙。在组装凹模组件时，应先压入精度要求高的凹模拼块，后压入易保证精度要求的凹模拼块。例如有冲孔、冲槽、弯曲和切断的级进模，可先压入冲孔、冲槽和切断凹模拼块，后压入弯曲凹模拼块。视凹模拼块和模套拼合结构不同，也可按

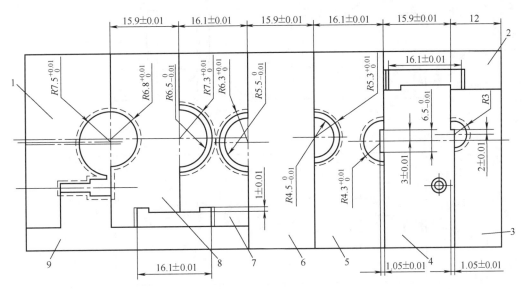

图 3-42 凹模组件
1～9—凹模拼块

排列顺序依次压入凹模拼块。

② 凸模组件　级进模中各个凸模与凸模固定板的连接方法，依据模具结构不同有单个凸模压入法、单个凸模低熔点合金浇注或粘接剂粘接法和多个凸模整体相连压入法。

a. 单个凸模压入法　凸模压入固定板顺序：一般先压入容易定位又能作为其他凸模压入安装基准的凸模，再压入难定位凸模。如果各凸模对装配精度要求不同时，先压入装配精度要求较高和较难控制装配精度的凸模，再压入容易保证装配精度的凸模。如不属上述两种情况，对压入的顺序则无严格要求。

图 3-43 所示的凸模的压入顺序是：先压入半圆凸模 6 和 8（连同垫块 7 一起压入），再依次压入半环凸模 3、4 和 5，然后压入侧刃凸模 10 和落料凸模 2，最后压入冲孔圆凸模 9。首先压入半圆凸模（连同垫块），是因为压入容易定位，而且稳定性好。在压入半环凸模 3 时，以已压入的半圆凸模为基准，并垫上等高垫块，插入凹模型孔，调整好间隙，同时将半环凸模以凹模型孔定位进行压入（图 3-44）。用同样办法依次压入其他凸模。压入凸模时，要边检查凸模垂直度边压入。

凸模压入后应复查凸模与固定板的垂直度，检查凸模与卸料板型孔配合状态以及固定板和卸料板的平行度精度。最后磨削凸模组件上、下端面。

b. 单个凸模粘接固定法　单个凸模粘接固定法的优点是：固定板型孔的孔径和孔距精度要求低，减轻了凸模装配后的调整工作量。

单个凸模粘接前，将各个凸模套入相应凹模型孔并调整好冲裁间隙，然后套入固定板，检查粘接间隙是否合适，最后进行浇注固定，其他要求与前述相同。

c. 多个凸模整体压入法　多凸模整体压入法的凸模拼接位置和尺寸，原则上和凹模拼块相同。在凹模组件已装配完毕并检查修配合格后，以凹模组件的型孔为定位基准，多个凸模整体压入后，检查位置尺寸，有不当之处应进行修配直至全部合格。

4) 总装配的步骤及要点

① 装配基准件：首先以凹模组件为基准安装固定凹模组件。

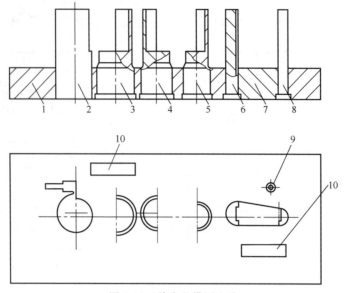

图 3-43 单个凸模压入法

1—固定板；2—落料凸模；3～5—半环凸模；6,8—半圆凸模；
7—垫块；9—冲孔圆凸模；10—侧刃凸模

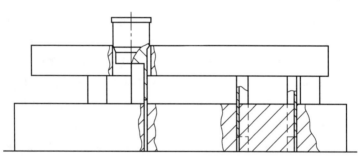

图 3-44 压入半环凸模

② 安装固定凸模组件：以凹模组件为基准安装固定凸模组件。

③ 安装固定导料板：以凹模组件为基准安装导料板。

④ 安装固定承料板和侧压装置。

⑤ 安装固定上模弹压卸料装置。

⑥ 自检，钳工试冲。

⑦ 检验。

⑧ 试冲。

3.2 拉深模制造范例

3.2.1 拉深模主要零件的制造工艺分析

(1) 拉深模加工制造的特点

在制造拉深模时，其一般零件加工基本与冲裁模相同，而主要零件如凸、凹模的加工以及试冲后的修整工作是很重要的。同时，在装配时，还必须特别注意凸模与凹模的正确安装位置。

拉深模的制造，主要有以下特点：

① 拉深模的凸、凹模淬火有时在试模后进行。

在拉深工作中，由于材料的回弹作用，即使拉深模各个零件按设计图样制得很精确，装配得也很好，但拉出的工件不一定是理想的。因此，装配后的冲模，必须要进行反复的试冲和修整加工。所以有时可在淬硬之前经反复试冲与修整，直到拉出合格的工件为止。

② 拉深凸、凹模的工作部分断面形状是制造拉深模的关键之一，因此在制造时应特别注意。其加工方法是：对于断面为圆形的凸模及凹模，可先在车床上加工，经热处理淬硬后，再在外、内圆磨床上按图样要求磨削加工到尺寸。圆角部分和某些表面还需用研磨及抛光的方法来达到最后的要求。

对于断面为非圆形的凸模和凹模的轮廓，一般按划线进行铣削加工，然后进行抛光。对大、中型工件的拉深凸、凹模加工，必要时应先做出样板来，然后按样板加工。

③ 拉深凸、凹模的工作边缘应加工成光滑的圆角，其圆角大小应符合图样要求，并经反复试冲合格。一般来说，凸模圆角由工件决定，可一次加工成，而凹模圆角半径在制作时不应一次做得太大，需要通过不断试模后逐渐加大圆角尺寸，直到冲出合格的工件来。

④ 拉深模的工作部分，由于表面质量要求较高，在淬火后一般应研磨和抛光。

⑤ 拉深模凸、凹模之间的间隙应均匀。对于无导向的拉深模，在压力机上调整时最好应放一样件，仔细调整后以保证凸、凹模的正确位置和各方向间隙均匀。

⑥ 拉深件的毛坯尺寸，由于在拉深时材料变薄，故通过理论计算很难准确，因此，一般先做拉深模，待拉深模试模合格后，再以其所需合适的毛坯尺寸制作落料模。

（2）拉深凸、凹模的加工

拉深凸、凹模的加工方法如下。

① 断面为圆形的凸、凹模　按图样要求在车床上精车；凸、凹模配作，保证间隙均匀；热处理淬硬；磨修、抛光、研磨到尺寸。

② 断面为非圆形的凸、凹模

a. 先制作样件或样板，然后按样板（样件）加工。

ⓐ 轮廓样板：按零件内部轮廓尺寸制造，给以小的负的允许偏差，以便划线。

ⓑ "漏板"样板：按凸模最大极限尺寸制造，用以检验凸模。凹模"漏板"样板按凹模最小尺寸制作。

ⓒ 断面轮廓特殊部位形状样板：按最大极限尺寸加工，以便锉修时作为特殊形状的验规使用。

b. 将坯件按轮廓样板划线。

c. 进行铣、钻，粗加工成形，凹模也可以用电火花加工成形。

d. 钳工修磨。用"漏板"样板反验证，合格为止。

e. 凸、凹模研配合适后进行淬火、修磨、抛光。

3.2.2　拉深模主要零件的制造工艺范例

在实际冲压生产中，对于中小型冲模而言，为提高生产效率，往往采用复合模结构较多，为此本部分内容以端盖产品零件的落料拉深冲孔复合模为例，介绍几种典型模具零件的制造工艺，以及本套模具的装配要点。端盖产品零件的落料拉深冲孔复合模结构见图3-45。

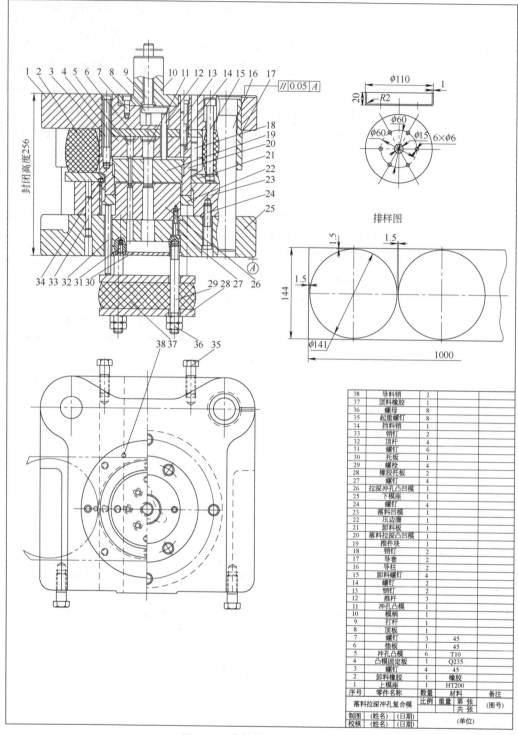

图 3-45 落料拉深冲孔复合模

（1）冲孔凸模制造工艺

冲孔凸模材料采用 T10A，冲孔凸模结构如图 3-46 所示。该冲孔凸模为圆形，为保证刃口与装合部分的同轴度要求，车削与磨削均以中心孔定位。由于冲孔凸模直径小，工作端面不允许留中心孔，因此在计算毛坯尺寸时应将冲孔凸模工作部分适当加长（5～8mm），以便加工中心孔。工作端面的中心孔待外圆磨削完成后切掉，并保证冲孔凸模长度。冲孔凸模的制造工艺过程见表3-30。

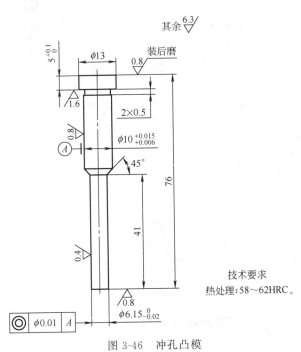

图 3-46 冲孔凸模

表 3-30 冲孔凸模制造工艺过程

工序号	工序名称	工序内容	设备	工序简图
1	下料	棒料下料 $\phi 28\mathrm{mm} \times 36\mathrm{mm}$	锯床	
2	锻造	将坯料锻成圆棒 $\phi 17\mathrm{mm} \times 90\mathrm{mm}$		
3	热处理	退火		
4	车削	车端面，钻中心孔；以中心孔定位，按图车削成形，刃口和固定部分径向单边留 0.2mm 磨削余量	车床	
5	热处理	淬火，保证 58～62HRC		
6	磨削	以中心孔定位磨圆柱面后，将刃口加长部分切掉	磨床	
7	钳工精修	全面达到尺寸要求		
8	检验			

(2) 拉深冲孔凸凹模制造工艺

由于拉深冲孔凸凹模精度要求较高，为防止热处理变形，模具材料采用 Cr12MoV。其结构见图 3-47。拉深冲孔凸凹模上的 7 个工作型孔有较严格的位置精度要求，制造时既要保证 7 个工作型孔的位置精度，又要保证拉深凸模刃口与固定部分同轴。为此，首先在普通车床进行车削，车削时先夹固定端车削工作端面、外圆及圆弧部分（圆弧部分留研磨余量 0.02mm），再掉头车削固定端面和外圆，均留磨削余量。

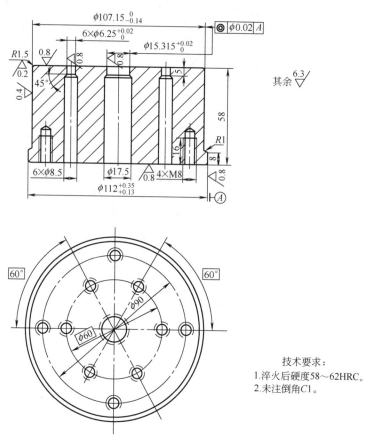

图 3-47　拉深冲孔凸凹模

为保证 7 个工作型孔加工精度，在数控铣床或加工中心以外圆定位按程序钻出工作型孔及漏料孔，刃口单边留磨削余量 0.2mm，顺便钻出螺钉底孔并攻螺纹。淬火后在平面磨床磨上、下面后，利用外圆磨床装夹固定端磨削"$\phi 107.15_{-0.14}^{~~0}$"的外圆，达到图纸要求。掉头磨削固定端的外圆部分，此时要严格找正，保证同轴度要求。淬火后，磨削上、下平面，最后利用数控坐标磨床，根据加工程序按已加工完的外圆定位磨 7 个工作型孔的刃口部分，通过机床精度保证各孔的位置精度。拉深冲孔凸凹模制造工艺过程见表 3-31。

(3) 落料拉深凸凹模制造工艺

落料拉深凸凹模结构如图 3-48 所示，采用 T10A 制造。由于凹模孔较大，能够锻出来，因此将凸凹模用圆棒料下料后锻成圆环，以减小切削加工量。由于落料拉深凸凹模刃口有同轴度要求，所以在车削时一次装夹完成内、外圆及圆弧车削。磨削时在一次装夹内完成内、外圆磨削。拉深圆角车削时只留研磨余量，最后由钳工研磨完成，达到表面粗糙度要求。

表 3-31 拉深冲孔凸凹模制造工艺过程

工序号	工序名称	工序内容	设备	工序简图
1	下料	棒料下料 φ75mm×157mm	锯床	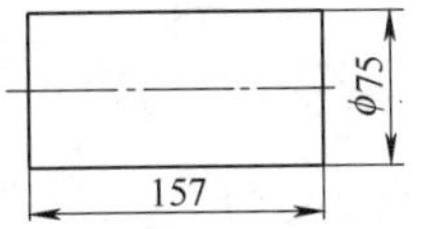
2	锻造	将坯料锻成圆棒类锻件		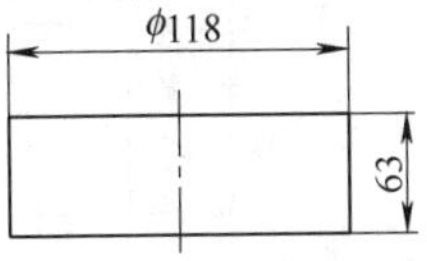
3	热处理	退火		
4	车削	车凸凹模上、下面(端面)及外圆,上、下面单边留 0.5mm 磨削余量	车床	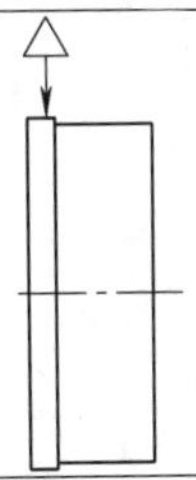
5	磨平面	磨上、下面,单边留 0.2mm 磨削余量	磨床	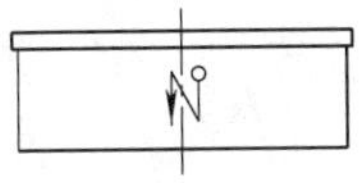
7	孔加工	以中心定位,按程序加工 6 个工作型孔,刃口单边留 0.2mm 磨削余量;钻螺钉底孔并攻螺纹	加工中心	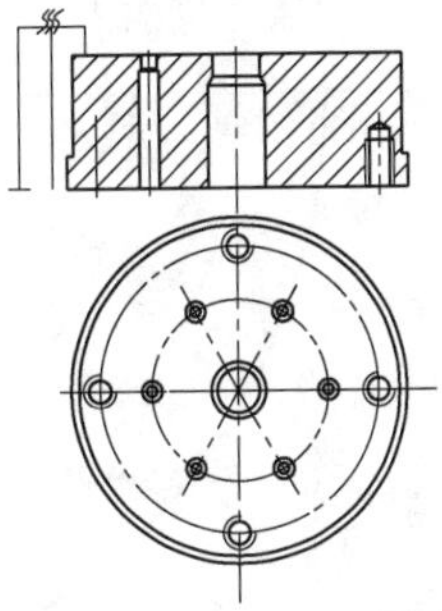
8	热处理	淬火,保证 60~64HRC		
9	磨削	磨上、下面	平面磨床	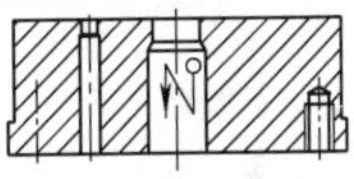
10	磨削	先夹固定端,磨外圆与"$\phi 15.315^{+0.02}_{\ 0}$"的刃口,再掉头磨削固定端外圆,达到技术要求	万能磨床	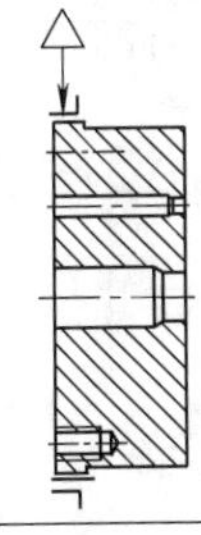
11	磨削	以"$\phi 15.315^{+0.02}_{\ 0}$"孔中心定位磨削 6 个"$\phi 6.25^{+0.02}_{\ 0}$"孔的刃口部分,保证位置精度要求	坐标磨床	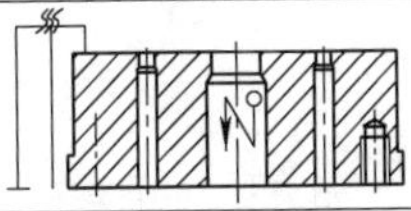
12	钳工精修	全面达到设计要求		
13	检验			

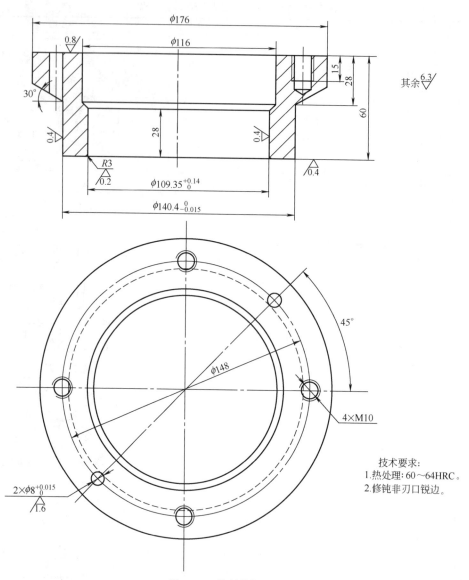

图 3-48 落料拉深凸凹模

落料拉深凸凹模制造工艺过程见表 3-32。

表 3-32 落料拉深凸凹模制造工艺过程

工序号	工序名称	工序内容	设备	工序简图
1	下料	棒料下料 $\phi120mm \times 160mm$	锯床	
2	锻造	将坯料锻成圆环类锻件		

续表

工序号	工序名称	工序内容	设备	工序简图
3	热处理	退火		
4	车削	车上、下面及内、外圆。上、下面单边留0.5mm磨削余量；内、外圆刃口单边留0.2mm的磨削余量；圆弧部分留0.02mm(双边)的研磨余量	车床	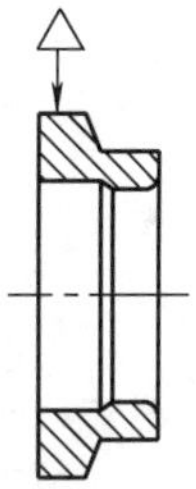
5	磨平面	磨上、下面，单边留0.2mm磨削余量	磨床	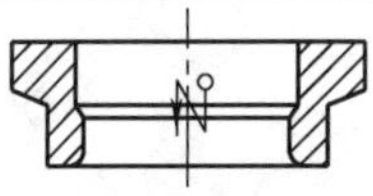
6	钳工划线	划出销钉孔和螺纹孔线		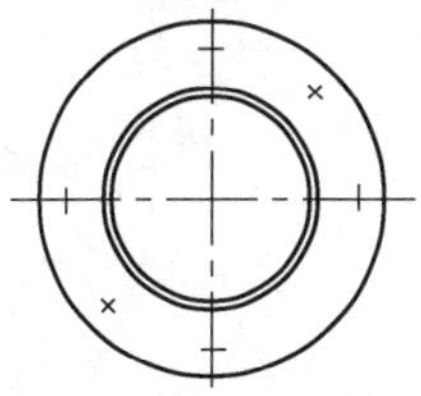
7	钳工加工螺钉孔、销钉孔	按划线钻螺钉底孔，钻铰销钉孔，手工攻螺纹	钻床	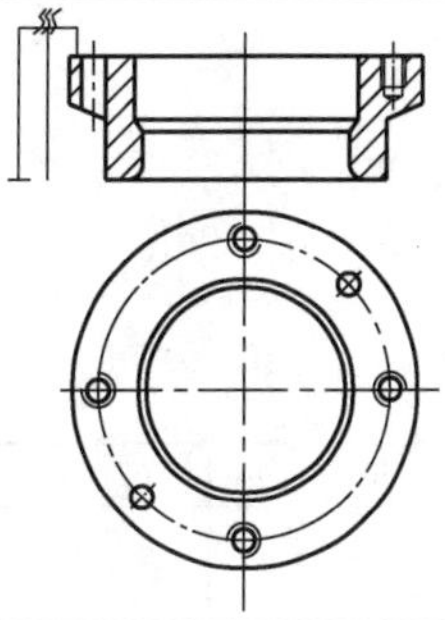
8	热处理	淬火，保证60～64HRC		
9	磨削	磨上、下面	平面磨床	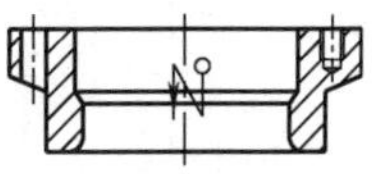
10	磨削	一次装夹将内、外圆刃口磨出来	万能磨床	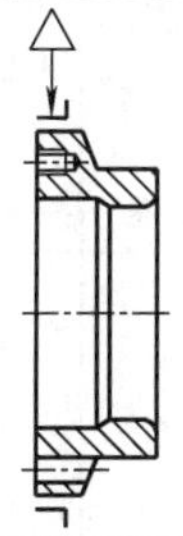
11	钳工精修	研磨圆弧及其他部位，全部达到设计要求		
12	检验			

(4) 落料凹模制造工艺

落料凹模结构简单，采用T10A制造，其结构如图3-49所示。将毛坯锻造成圆环，用普通车床将落料凹模车削成形。淬火后磨削上、下平面,再在内圆磨床上按工作端面找正磨刃口,保证图纸要求。其制造工艺过程见表 3-33。

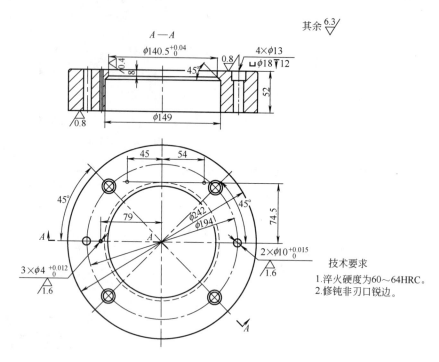

图 3-49 落料凹模

表 3-33 落料凹模制造工艺过程

工序号	工序名称	工序内容	设备	工序简图
1	下料	棒料下料 $\phi158mm\times150mm$	锯床	
2	锻造	将坯料锻成圆环类锻件 $\phi250mm\times60mm$		
3	热处理	退火		
4	车削	车削内、外圆及上、下面,上、下面单边留 0.5mm 的磨削余量,刃口单边留 0.2mm 的磨削余量	车床	
5	磨平面	磨上、下平面,留精磨单边余量 0.25mm	磨床	

续表

工序号	工序名称	工序内容	设备	工序简图
6	钳工划线	划出销钉孔和螺钉孔位置		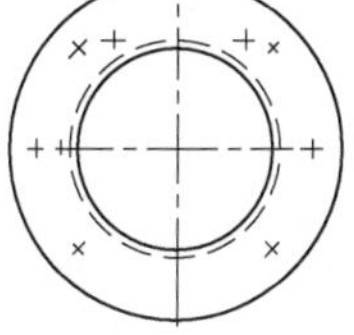
7	加工螺钉孔、销钉孔	按划线钻铰销钉孔，钻螺钉底孔，手工攻螺纹	钻床	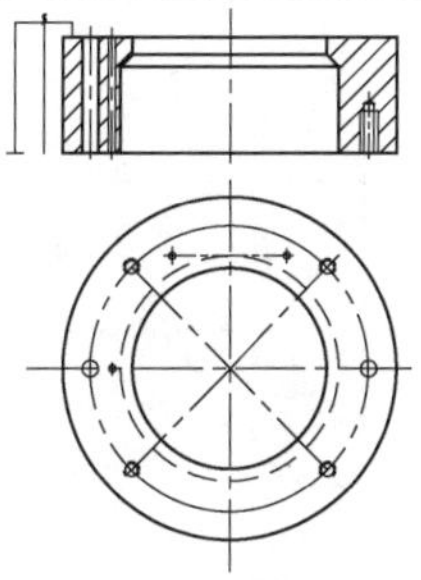
8	热处理	淬火，保证60～64HRC		
9	磨削	磨上、下面	平面磨床	
10	磨削	磨刃口	内圆磨床	
11	钳工精修	全面达到设计要求		
12	检验			

(5) 凸模固定板制造工艺

由于凸模固定板上7个固定凸模的孔的位置精度与拉深冲孔凸凹模上的孔要求一致，精度要求较高（图3-50），为此凸模固定板采用40钢制造，调质处理，使其硬度达到40～45HRC。采用立式数控铣床或加工中心按程序加工各孔（若没有数控机床可在精密坐标镗床上加工以保证位置精度要求），同时可顺便将其余各孔加工出来，并对销钉孔进行铰孔，螺钉孔进行攻螺纹（也可手工攻螺纹）。

"$\phi148$"圆上的2个"$\phi8^{+0.015}_{0}$"销钉孔钻铰出来，与其相对应的模座上的销钉孔在装配时按这两个销孔的位置配作。

凸模固定板制造工艺过程见表3-34。

表3-34 凸模固定板制造工艺过程

工序号	工序名称	工序内容	设备	工序简图
1	下料	按尺寸$\phi185mm \times 36mm$切割		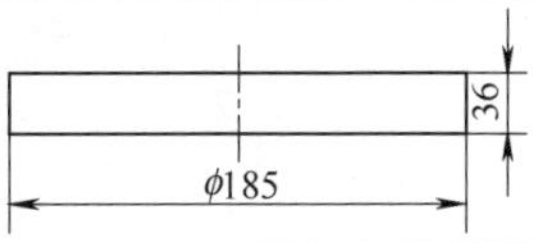

续表

工序号	工序名称	工序内容	设备	工序简图
2	车削	车外圆及上、下面，上、下面分别留0.25mm磨削余量	车床	
3	磨削	磨上、下面，保证表面粗糙度要求	磨床	
4	加工各种孔	找正中心，按程序对6个"$\phi 10^{+0.015}_{0}$"孔和"$\phi 18^{+0.018}_{0}$"孔进行钻孔、锪孔及铰孔，保证位置精度要求；对其余各孔进行钻孔、铰孔、攻螺纹	加工中心	
5	钳工精修	全部达到尺寸要求		
6	检验			

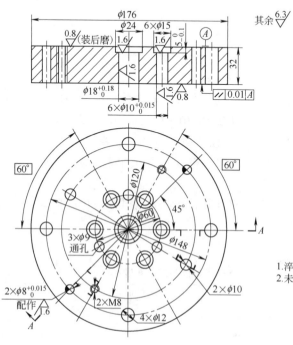

图 3-50 凸模固定板

技术要求
1. 淬火后硬度为40～45HRC。
2. 未注倒角C1。

3.2.3 拉深模的装配要点与调整

(1) 拉深模

1) 拉深模特点

拉深是使金属板料（或空心坯料）在模具作用下产生塑性变形，变成开口的空心制件。与冲裁模相比拉深模具有以下特点。

① 拉深凹模圆角的大小应根据试冲来确定。通常，拉深凹模圆角在开始拉深时不宜做得太大，应通过试模后逐渐修磨加大圆角，直到加工出合格工件。

② 由于材料弹性变形的影响，即使拉深模的组成零件制造得很精确、装配得很好，拉出的制件也不一定合格。通常要对拉深模进行修整加工。

2) 拉深模的调整与修正

由于毛坯尺寸、毛坯材料性能、润滑等方面的影响，拉深模试模时工件质量常出现一些问题，从模具角度考虑，解决方法如下。

① 拉深件起皱　若拉深件在拉深时起皱，则需要增加拉深模的压边力，减少拉深模间隙，减少凹模圆角半径。

② 拉深件拉裂　拉深时工件拉裂，则可采取加大拉深模间隙，加大凹模圆角半径，降低凹模圆角部分表面粗糙度等措施。

③ 拉深件尺寸不合要求　拉深件可能出现侧壁鼓凸、高度过大的情况。若凸、凹模之间的间隙过大，则使拉深件侧壁鼓凸；间隙过小则使材料变薄，拉深件高度过大。所以应分别修正凸、凹模，保持凸、凹模合理间隙。

④ 拉深件表面质量差　若发现拉深件表面有拉痕等，则应检查凸、凹模之间的间隙是否均匀并加以修正。同时应清洁模具表面、毛坯表面以及注意润滑剂的清洁。另外，进一步修整凹模圆角，使凹模圆角与直壁部分光滑连接并降低凹模圆角处表面粗糙度值。

⑤ 拉深件底部凸起　产生的原因可能是空气被封闭在底部，可采取在凸模上开设通气孔解决。

(2) 组件装配

① 装配模架　首先在上、下模座上装导套和导柱，导套和导柱应垂直于上、下模座端面，装配后移动灵活，上模座上平面对下模座下平面的平行度应符合技术要求。模柄垂直于上模座端面，并同磨至齐平。

② 凸模装配　将7个冲孔凸模分别装入凸模固定板4，磨平固定端面及刃口。

(3) 总装

复合模一般先装凸凹模，本套模具（图3-45）以拉深冲孔凸凹模为基准进行装配，则装配顺序如下：

① 装配拉深冲孔凸凹模　将拉深冲孔凸凹模26压入下模座25，拧紧螺钉27。

② 装配冲孔凸模　将装入凸模固定板的凸模（组件）插入凹模孔，用垫片等方法调整间隙，待各方向间隙调整均匀以后，将上模座装入，用平行夹头将凸模固定板4与上模座1夹紧，通过凸模固定板上的螺钉孔在上模座的底平面钻出锥窝，拆开后按锥窝加工上模座的螺钉孔。再重新将凸模插入相应的凹模孔，调整间隙，并将螺钉14拧住，但不要拧得过紧，将间隙调整均匀后再拧紧螺钉14。按凸模固定板上的销钉孔再上模座上钻锥窝，再次拆开钻、铰销钉孔。最后将凸模固定板垫上垫板用销钉13定位，螺钉14紧固。

③ 装配落料拉深凸凹模 将落料拉深凸凹模套在拉深冲孔凸凹模上，调整拉深间隙，再将装有凸模及凸模固定板（组件）的上模座装上，垫上等高垫块，并用螺钉3从上模座1的上面穿螺钉将落料拉深凸凹模20拧住，待将拉深间隙调整均匀后再拧紧。然后将上模翻过来，从落料拉深凸凹模上的螺钉孔和销钉孔的位置确定上模座上的螺钉孔和销钉孔的位置，然后将落料拉深凸凹模与上模座拆开，钻、铰销钉孔，钻、扩、锪螺钉过孔。最后将推件块19套在凸模上，再将落料拉深凸凹模用螺钉紧固，销钉定位装好。

④ 装配落料凹模 将落料凹模23放在装有拉深冲孔凸凹模的模座上，用螺钉将落料凹模拧住，不必拧紧，调整落料间隙，当间隙调整好后，从落料凹模上的销钉孔引钻，在下模座的上表面钻出锥窝后，将落料凹模与下模座拆开，钻、铰销钉孔。最后将压边圈22套在拉深冲孔凸凹模上，再将落料凹模用螺钉紧固，销钉定位装好。

⑤ 装配卸料板 将上模翻过来，将卸料板套在落料拉深凸凹模上，在卸料板与上模座之间垫上等高垫块，将卸料间隙调整均匀，并用平行夹头夹紧。从卸料板上的卸料螺钉孔引钻，在上模座的下表面钻出锥窝后拆开平行夹头，加工上模座上的螺钉过孔，最后装入卸料橡胶2，拧紧卸料螺钉15。

⑥ 装配辅助零件 将托板、顶料橡胶、模柄、顶杆推杆等辅助零件按要求装好。

(4) 试冲和调整

装配好的落料拉深冲孔复合模具要在生产条件下进行试冲，发现问题要及时修磨和调整，直到冲出合格的冲件为止。最后连同合格的冲件一起交付用户使用。

3.3 弯曲模制造范例

3.3.1 弯曲模主要零件的制造工艺范例

弯曲模零件的加工方法基本与冲裁模相同。一般都是根据零件的尺寸精度、形状复杂程度与表面粗糙度要求及设备条件按图样进行加工、制造。

现以图3-51所示弯曲模为例，介绍模具的加工工艺。为保证弯曲凸模1°倾斜角，并且采用精度较高的线切割加工，U形弯曲件修磨量不大，因此把热处理工艺放在线切割加工之前。但是凸模倒角端的销孔

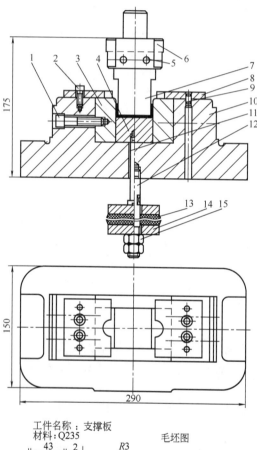

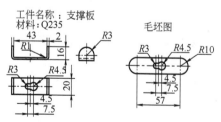

图3-51 弯曲模
1，2—内六角螺钉；3—弯曲凹模；4—顶件板；5—圆柱销；
6—模柄；7—弯曲凸模；8—定位板；9—圆柱销；
10—下模座；11—顶杆螺钉；12—拉杆；13—橡胶；
14—弹顶器托板；15—螺母

要与模柄装配时一起加工,为了便于销孔的加工,采用了淬火后倒角端回火的热处理工艺。弯曲模主要零件见图3-52～图3-54,其制造工艺过程见表3-35～表3-37。

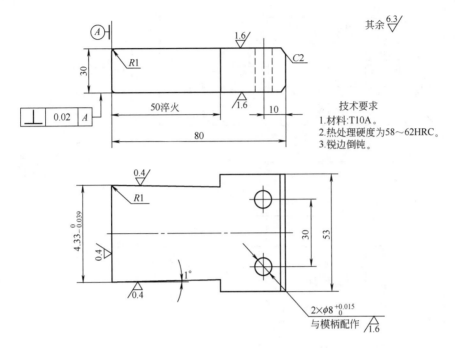

图 3-52 弯曲凸模

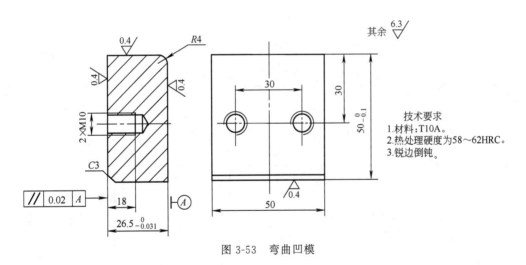

图 3-53 弯曲凹模

3.3.2 弯曲模的装配要点与调整

(1) 弯曲模的装配特点

1) 弯曲模特点

弯曲模的作用是使坯料在塑性变形范围内弯曲,冷却后产生永久变形,从而获得所要求的形状及尺寸。与冲裁模相比,弯曲模具有以下特点。

① 在弯曲时由于材料回弹影响,弯曲件会有回弹现象。在制造弯曲模时,必须考虑弯曲件的回弹并加以修正,修正值的大小根据经验或反复试模而定。

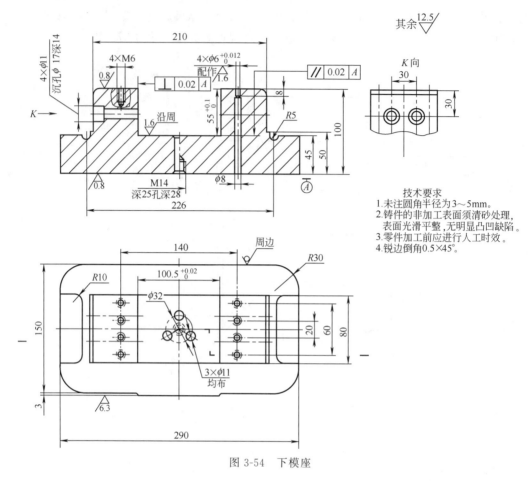

图 3-54 下模座

表 3-35 弯曲凸模加工工艺过程

工序号	工序名称	工序内容	设备	工序简图
1	备料	锯床下圆棒料	锯床	
2	锻造	将毛坯锻成长方体 90mm×58mm×35mm		
3	热处理	退火		
4	铣平面	铣平面至 85.3mm×53mm×30.6mm 并倒角	铣床	

续表

工序号	工序名称	工序内容	设备	工序简图
5	磨平面	磨上、下平面和相邻两侧面	磨床	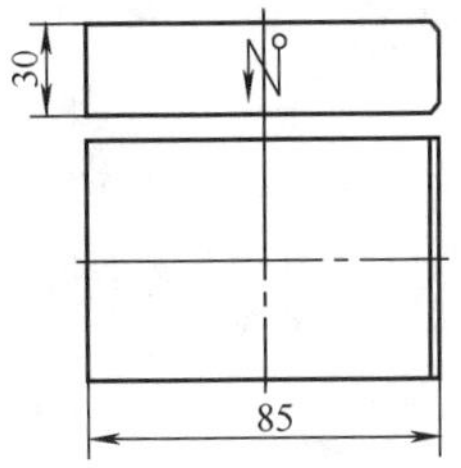
6	热处理	淬火,58～62HRC,倒角端尾部回火		
7	线切割	线切割至尺寸	线切割机	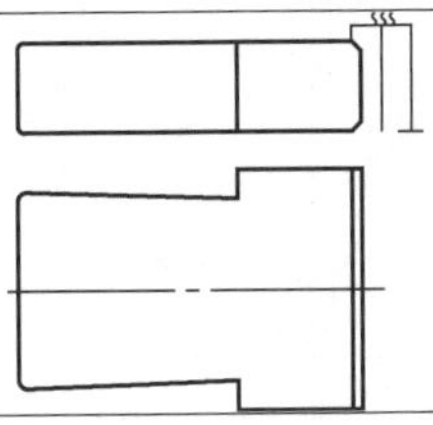
8	钳工精修	全面达到设计要求		
9	检验试冲	检验试加工合格		

表 3-36 弯曲凹模加工工艺过程

工序号	工序名称	工序内容	设备	工序简图
1	备料	锯床下圆棒料	锯床	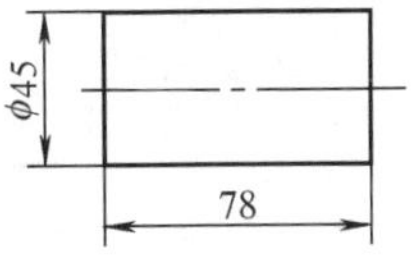
2	锻造	将毛坯锻成长方体 63mm×54mm×35mm		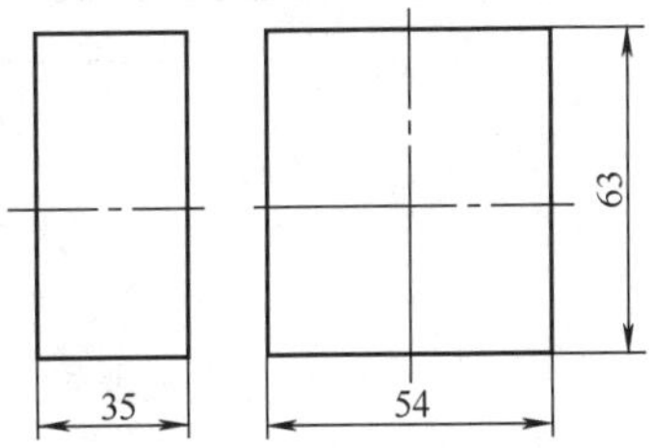
3	热处理	退火		
4	铣六面	铣六面至 55.6mm×50.3mm×27.1mm	铣床	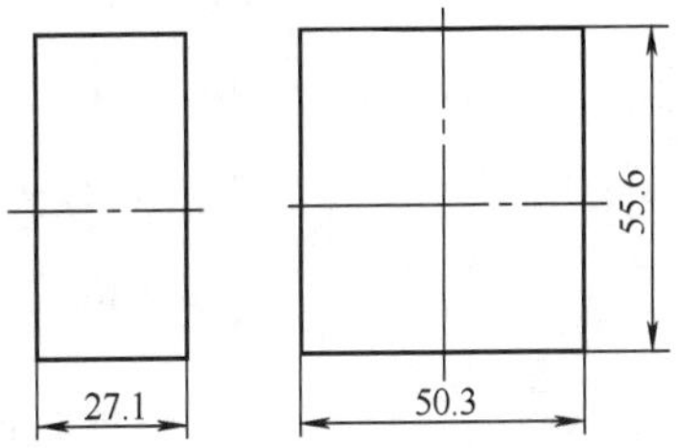
5	磨平面	磨上下左右平面和前面,保证各面相互垂直(用90°角尺检查)	磨床	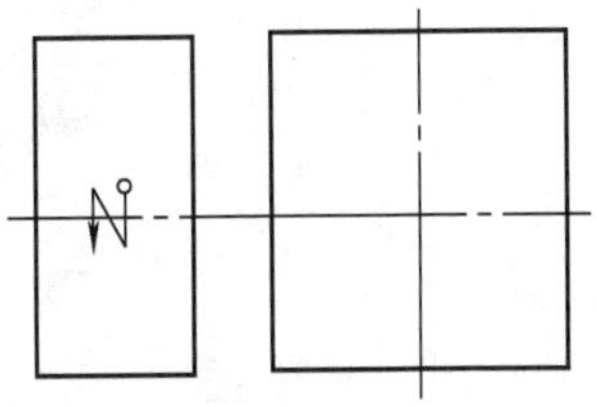

续表

工序号	工序名称	工序内容	设备	工序简图
6	钳工划线并倒角和粗修圆角	划出"2×M10"中心线并倒"3×45°"角、粗加工"R4"圆角和锐边倒钝		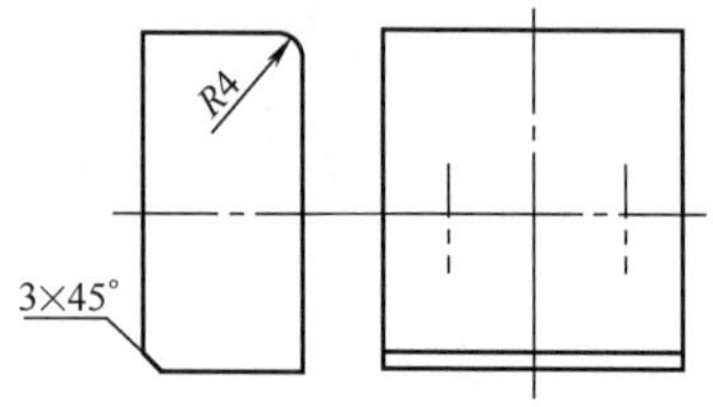
7	钻孔攻螺纹	按划线攻"2×M10"螺纹（钻2×ϕ8.5mm底孔）	钻床	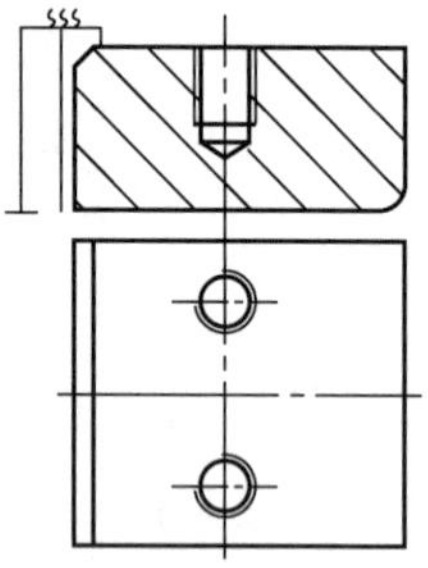
8	热处理	58～62HRC		
9	钳工精修圆角并抛光	钳工精修"R4"圆角并抛光		
10	检验试冲	检验试加工合格		

表 3-37 下模座加工工艺过程

工序号	工序名称	工序内容	设备	工序简图
1	备料	铸造毛坯		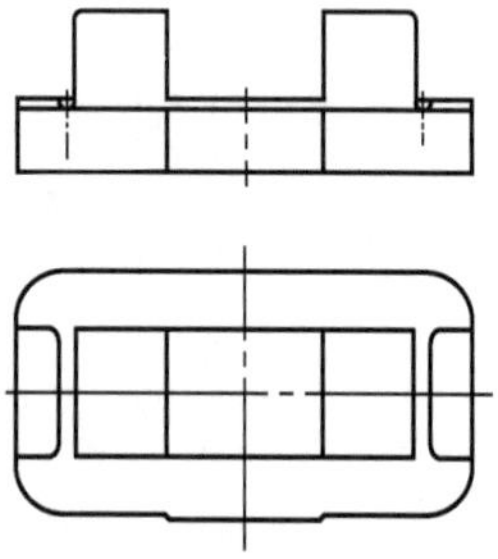
2	铣床加工	1. 粗铣上、下平面，保证尺寸"100.8"、"55"和"45" 2. 粗铣前部、两端和内槽 3. 再精铣内槽保证尺寸"100.5$^{+0.02}_{0}$"	铣床	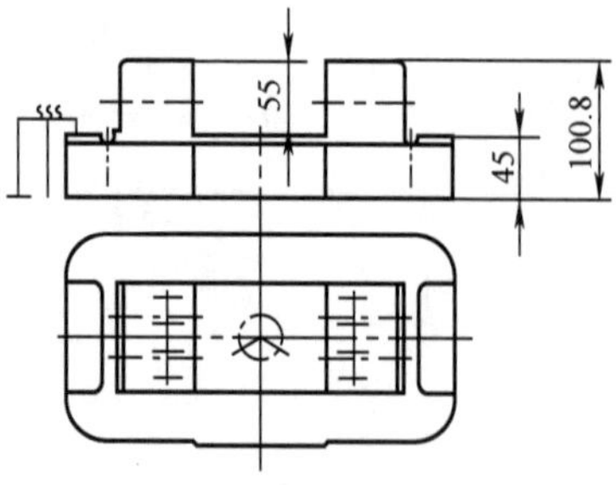

续表

工序号	工序名称	工序内容	设备	工序简图
3	磨平面	磨上下平面,保证尺寸"100"和"$55_0^{+0.1}$"	平面磨床	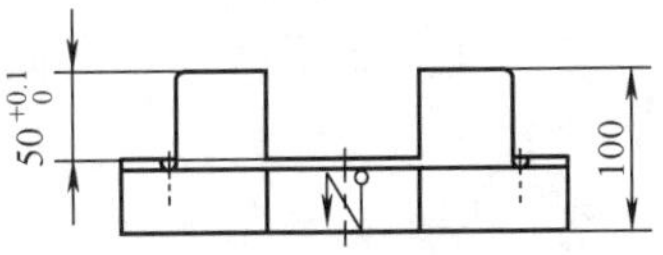
4	钳工划线	划前部、两端、内槽线和表面各孔中心线		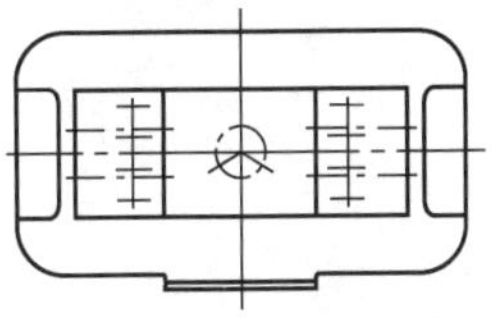
5	钻孔	1. 按划线位置加工孔"$4\times\phi11$/沉孔$\phi17$"和"$3\times\phi11$" 2. 攻"$4\times M6$"螺纹(钻$\phi5mm$底孔),攻"M14"螺纹(钻$\phi11.9mm$底孔)	钻床	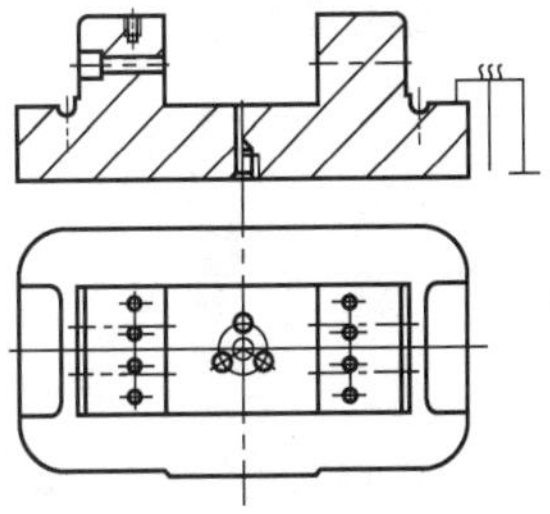
6	检验			

② 弯曲模工作件的热处理在试模合格后才进行。

③ 弯曲模的导柱、导套的配合要求低于冲裁模。

2) 弯曲模的调整与修正

弯曲模试模常见问题及解决办法如下。

① 弯曲角度不合要求 工件回弹会使工件弯曲角度发生变化,此时,需要对弯曲角度进行修正。在实际生产中,还应通过正确调整压力机滑块的下止点位置,保证弯曲模弯曲件符合要求。例如当发现弯曲角度不足时,应把滑块下止点调低些,使弯曲模凸模对板料的弯曲力加大些,以便加大弯曲角度。

② 弯曲件的偏移 由于弯曲件的形状不对称,弯曲后产生偏移,使弯曲件各部分相互位置的尺寸精度受到影响。产生偏移的原因主要是弯曲毛坯在弯曲模上定位不准确;凹模入口两侧圆角大小不等;没有压料装置或压料力不足等。修正的办法有增加定位销、导正销或定位板,修磨弯曲模两侧模口使凹模圆角大小一致,增加压料块等。

(2) 弯曲模的调整

对于图3-51所示的无导向装置的弯曲模,其配合间隙是在弯曲模使用时,在压力机上安装调整的。首先将模柄装在压力机滑块上的模柄孔内,以上模位置调整下模在压力机上的相对位置,一般用调节压力机连杆长度的方法调整模具闭合高度。在调整时,最好把事先制作的样板放在模具的工作位置上(凹模型腔内),然后调节压力机连杆,使上模随滑块调整到下止点时，即能压实样件又不发生硬性顶撞及咬死现象，然后用压板固定下模，但不要将螺钉拧得过紧。此时再调整配合间隙，其方法是在凸模、凹模之间垫一块比坯料略厚的垫片（一般为弯曲坯料厚度的 1～1.2 倍），继续调节连杆长度，一次又一次用手扳动飞轮，直到使滑块能正常地通过下止点而无阻滞现象为止。上、下模的侧向间隙，可采用垫片或标准样件的方法来调整，以保证间隙的均匀性。间隙调整后，可将下模板固定，试冲。

弯曲模的卸料系统行程应足够大，卸料用橡胶应有足够的弹力；顶出器及卸料系统应调整到动作灵活，并能顺利地卸出零件，不应有卡死及发涩现象。卸料系统对零件的作用力要调整均衡，以保证卸料后零件表面平整，不至于产生变形和翘曲。

第 4 章 型腔模制造课程设计范例详解

4.1 型腔模零件的加工

4.1.1 型腔模主要零件的制造工艺分析

(1) 零件加工技术要求

1) 注塑模零件加工技术要求

模具精度是影响塑料成形件精度的重要因素之一。为了保证模具精度，制造时应达到如下主要技术要求。

① 组成塑料模具的所有零件，在材料、加工精度和热处理质量等方面均应符合相应图样的要求。

② 组成模架的零件应达到规定的加工要求（见有关手册）；装配成套的模架应活动自如，并达到规定的平行度和垂直度等要求（见有关手册）。

③ 模具的功能必须达到设计要求。

a. 抽芯滑块和推顶装置的动作要正常。

b. 加热和温度调节部分能正常工作。

c. 冷却水路畅通且无漏水现象。

④ 为了鉴别塑料成形件的质量，装配好的模具必须在生产条件下（或用试模机）试模。并根据试模存在的问题提出修整对策，直至试出合格的成形件为止。

2) 压铸模零件加工技术要求

压铸模是在高温下进行工作的，因此在制造模具结构零件时，不仅要求在室温下达到一定的精度要求，而且在工作温度下也应保证各部分结构零件尺寸稳定、动作可靠。特别是与熔融合金接触的部位在充填时受到高压、高温和交变应力，结构零件在位置上可能产生偏移以及配合状况发生变化，这些都会影响压铸生产的正常进行。目前，《压铸模技术条件》(GB/T 8844—1988)、《压铸模零件》(GB/T 4678—1984)、《压铸模零件技术条件》(GB/T 4679—1984) 都对模具零件、装配技术要求、验收技术条件等进行了详细规定，在制造压铸模时，一定要参照这些标准和结合用户要求进行。

(2) 型腔模的加工制造方法

1) 注塑模的加工制造方法

① 注塑模的制造步骤

a. 在接到制模任务后,首先要分析、读懂模具图样,分析其模具结构特点、动作原理及模具各部件技术加工要求和模具与使用的关系。

b. 根据模具零件图的要求材料,进行坯料准备及必要的专用工具、样件和样板的准备。

c. 制造加工型腔与型芯。型腔与型芯一般可根据设备条件选用机械加工、电火花加工、电铸成形、冷挤压成形等工艺进行。

d. 加工其他零件。在加工零件时均要符合图样要求的尺寸精度及表面粗糙度等级。

e. 检验各零件尺寸精度及表面粗糙度是否符合图样要求。

f. 钳工进行必要的修磨、抛光及研配。

g. 装配。根据总装配图对部件进行组装。

h. 试模与调整。

i. 交付使用。

② 型腔的加工方法　注塑模的型腔加工,与压塑模型腔加工方法基本相同。根据所具有的加工设备及能力,依据图样所要求的尺寸精度及表面质量采用机械加工、电加工、压力加工、电铸成形等方法。凹模型腔如果是镶拼结构,可采用冷挤压成形;整体式凹模可采用电火花加工成形;对于批量小的塑件模具可以采用环氧树脂浇注型腔;对于复杂型腔,可以采用陶瓷型精密铸造模型腔。

③ 注塑模的加工要点　注塑模的加工要点见表 4-1。

表 4-1　注塑模加工要点

序号	制造部位	加 工 要 点
1	浇注系统	注塑模的浇注系统,一般按图样先进行加工。但其尺寸需要在制造中,通过试模,按成形情况酌情修整。待试模合格后,再淬火、抛光、定形
2	脱模机构	① 注塑模在每一个工作循环中,塑件必须从模中取下来。一般成形模具,是使塑件附着在动模上,利用机床的开模动作,通过模具内顶出机构(顶杆)取出塑件 ② 顶出机构应动作可靠、运动灵活 ③ 脱模机构一般在试模中进行修整,直到塑件脱模后不变形、外观不受损伤为止 ④ 修整后的脱模机构顶杆、反推杆、拉料杆头部均应淬火 ⑤ 顶杆装配后,其端面应比型腔或镶件的平面高 0.05～1mm
3	冷却与加热装置	① 水孔位置及大小按设计图样加工。但加工时,一定不要碰坏型腔,水孔通过镶块时,应加以密封。水孔管在试模时应畅通无阻 ② 设计有加热装置的模具,在制造时应注意加热棒的绝缘,以防漏电不安全
4	成形装置	① 注塑模的型腔、型芯、镶块组成成形零件。在加工时要按图纸加工,一般先制作型芯,然后按型芯配作型腔。加工时边加工、边试配,直到合适后再淬火、抛光或电镀 ② 在加工时,要加工出脱模斜度 ③ 成形零件严防有划痕、裂纹、凸起,表面粗糙度 R_a 在 $0.20\mu m$ 以下 ④ 在采用镶块时,镶块与模腔的连接一定要紧密,防止有较大的间隙及裂缝 ⑤ 成形零件淬火后应达到硬度要求
5	导向装置	① 导向零件要按图样要求加工,保证其配合精度和同轴度 ② 导柱、导套应与模板的支承平面保持垂直

续表

序号	制造部位	加 工 要 点
6	基座及安装装置	① 注塑模定模与动模接触表面在安装合模后,要接触严密。在装配后,一般要在平面磨床上磨平,其 $R_a=1.6\sim 0.8\mu m$ ② 分型面与模板的工作面应相互平行,要求在 200mm 范围内有不超过 0.05mm 的平行度允差 ③ 定模板、动模板、垫板等工作表面要相互平行,要求在 200mm 范围内平行度允差不超过 0.05mm ④ 注塑模各零件表面,均不能有裂纹、撞痕、毛刺等

例 4-1 试分析图 4-1 所示注塑模型芯的加工工艺。

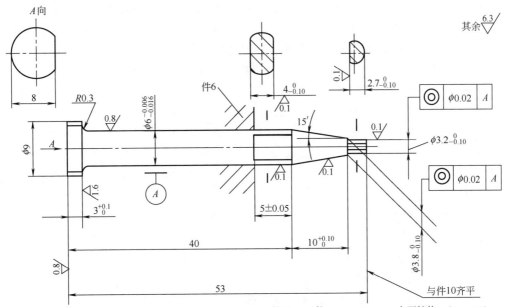

零件名称:型芯;材料:CrWMn;热处理:45~50HRC;数量:20 件;$R_a=0.1\mu m$;表面镀铬:$\delta=0.015mm$

图 4-1 注塑模型芯

① 工艺性分析 该零件是注塑模的型芯,从零件形状上分析,该零件的长度与直径的比例超过 5∶1,属于细长杆零件,但实际长度并不长,截面主要是圆形,在车削和磨削时应解决加工装卡问题。在粗加工车削时,毛坯应为多件一坯,这样既方便装夹,又节省材料。对于该零件装夹方式有三种形式,如图 4-2 所示。图(a)是反顶尖结构,适用于外圆直径较小、长度较大的细长杆凸模、型芯类零件,$d<1.5mm$ 时,两端制成 60°的锥形反顶尖,在零件加工完毕后,再切除反顶尖部分。图(b)是加辅助顶尖孔结构,两端顶尖孔按 GB 145—85 要求加工,适用于直径较大的情况,$d \geqslant 5mm$ 时,工作端根据零件使用情况决定是否加长,当零件不允许保留顶尖孔时,在加工完毕后,再切除附加长度和顶尖孔。图(c)是加长段在大端的结

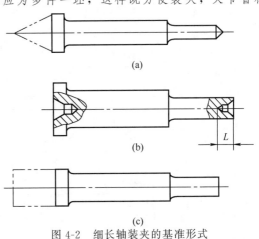

图 4-2 细长轴装夹的基准形式

构,用于长径比不太大的情况。

该零件是细长轴,要求进行淬火处理,加工方式主要是车削和外圆磨削,加工精度要求在外圆磨削的经济加工范围之内。零件要求有拔模斜度,也在外圆磨削时一并加工成形。另外,外圆磨扁处在工具磨床上完成。

该零件材料是CrWMn,热处理硬度45~50HRC,工作时在型腔内要承受熔融塑料的冲击,要求有一定的韧性,长期工作中不发生脆性断裂和早期塑性变形,因此要求进行淬火处理。CrWMn 材料属于锰铬钨系低变形合金工具钢,有较好的淬硬性(>60HRC)和淬透性(油淬,$D=30\sim50$mm);淬硬层厚为1.5~3mm;该材料有较好的强韧性;淬火时不易淬裂,并且变形倾向小;有较好的耐磨性。CrWMn 材料的综合性能并不算优良,国内外均趋于缩小使用范围。推荐代替的锰铬钨系钢材料有 MnCrWV 和 SiMnMo 钢。该零件为细长轴类,在热处理时,不得有过大的弯曲变形(应控制在0.1mm 之内)。注塑模型芯等零件的表面要求耐磨、耐蚀,成形表面的表面粗糙度能长期保持不变,长期在250℃下工作时表面不氧化,并且要保证塑件表面质量要求和便于脱模,因此要求淬硬,成形表面粗糙度$R_a=0.4\mu$m,并进行镀铬抛光处理。因此该零件成形表面在磨削时保持表面粗糙度$R_a=0.4\mu$m 的基础上,进行抛光加工,在模具试压后进行镀铬抛光处理。

采用圆棒料,经下料后直接进行机械加工。该型芯零件一模需要20件,在加工上还是有一定的难度,根据精密磨削和装配的需要,为了保证模具生产进度,在开始生产时就应制作一部分备件,这也是模具生产的一个特色。在模具生产组织和工艺上都应充分考虑,总加工数量为24件,备件4件。

② 工艺方案 一般中小型凸模加工的方案为:备料→粗车(普通车床)→热处理(淬火、回火)→检验(硬度、弯曲度)→研中心孔或反顶尖(车床、台钻)→磨外圆(外圆磨床、工具磨床)→检验→切顶台或反顶尖(万能工具磨床、电火花线切割机床)→研端面(钳工)→检验。

③ 工艺过程 材料:CrWMn,零件总数量24件,其中备件4件。毛坯形式为圆棒料,8个零件为一件毛坯。型芯的加工工艺过程见表4-2。

表4-2 注塑模型芯的加工工艺过程

工序号	工序名称	工序主要内容
1	下料	圆棒料 ϕ12mm×550mm,3件
2	车	按图车削 $R_a=0.1\mu$m 及以下表面,留双边余量0.3~0.4mm,两端在零件长度之外做反顶尖
3	热	淬火、回火 40~45HRC,弯曲变形不超过0.1mm
4	车	研磨反顶尖
5	外磨	磨削 $R_a=1.6\mu$m 及以下表面,尺寸磨至中限范围,$R_a=0.4\mu$m
6	车	抛光 $R_a=0.1\mu$m 外圆,达图样要求
7	线切割	切去两端反顶尖
8	工具磨	磨扁 "$2.7_{-0.10}^{0}$"、"$4_{-0.10}^{0}$" 至中限尺寸,磨尺寸"8"
9	钳抛光	抛光 $R_a=0.1\mu$m 两扁处
10	钳	模具装配(试压)
11	电镀	试压后 $R_a=0.1\mu$m 表面镀铬
12	钳	抛光 $R_a=0.1\mu$m 表面

2) 压铸模的加工制造方法

① 型腔零件加工工序见表 4-3。

表 4-3 型腔零件加工工序

序号	类 型	加 工 工 序
1	精加工后(成形),再进行淬火、回火	备料→锻造→退火→粗加工坯料→低温退火→精加工成形→淬火(回火)→钳修装配
2	淬火前经高温化学热处理	备料→锻造→退火→粗加工坯料→低温退火→精加工成形→渗硼或渗钒→淬火(回火)→钳工修配
3	调质精加工后,再经低温化学热处理	备料→锻造→退火→粗加工坯料→调质→精加工成形→试模软氮化→钳工修配
4	淬火(回火)后再进行低温化学热处理	备料→锻造→退火→粗加工坯料→低温退火→精加工成形→淬火(回火)→试模软氮化→钳工修配

② 型腔加工方法　压铸模型腔加工方法基本上与锻模型腔加工方法相似。但在加工中,应注意以下几点。

a. 在加工压铸模时,模具的分型面必须先进行研配。在研配之前,应先进行平面磨削加工,使之表面粗糙度 R_a 达到 $1.60\sim0.80\mu m$ 以上。在研配时,应先以一个面为基准,再以此面与另一面配合研配,直至不存在间隙为止。

b. 分型面研配后,进行划线,加工型腔。型腔可用立铣、仿形铣或车削进行加工,应留有余量。

c. 钳工进行修刮,使达到要求的尺寸和形状。在修刮时,要经常使凸、凹模相配,并用熔化的蜡液注入型腔检验,边检验边修配。

d. 型腔也可以用电火花机床加工成形。

e. 精修合格的型腔,经淬硬后一定要抛光、研磨,使其工作表面的表面粗糙度 R_a 达到 $0.20\sim0.10\mu m$。

f. 在加工冷却水管道时,一定要避免在钻孔时破坏型腔及通过嵌件部位。

③ 压铸模制造特点

a. 压铸模是在压铸机上工作的。制造时必须熟悉压铸模在压铸机上有关位置和动作、压铸机的基本操作过程。

b. 压铸模是在高温和压力下进行工作的。在压铸模中,凡与液态金属接触的表面不应有任何细小的裂缝、锐角、凹坑及表面不平的现象,并要避免金属对压铸模型壁或型芯的正面冲击。

c. 压铸模工作部分表面的表面粗糙度等级一般较高。故在淬硬处理后,凸、凹模型芯表面一定要进行抛光和研磨,使其表面粗糙度等级越高越好,以提高模具的使用寿命及制品表面质量。

d. 凸、凹模及浇道口应在试模合格后淬硬。内浇口在试铸时逐渐修整至合格为止。

e. 压铸模应制造出排气及冷却系统。

4.1.2　注塑模主要零件的制造工艺范例

(1) 实例 (一)

现以骨架注塑模(图 4-3～图 4-23)为例,介绍其主要零件的制造工艺过程(表 4-4～4-12)。

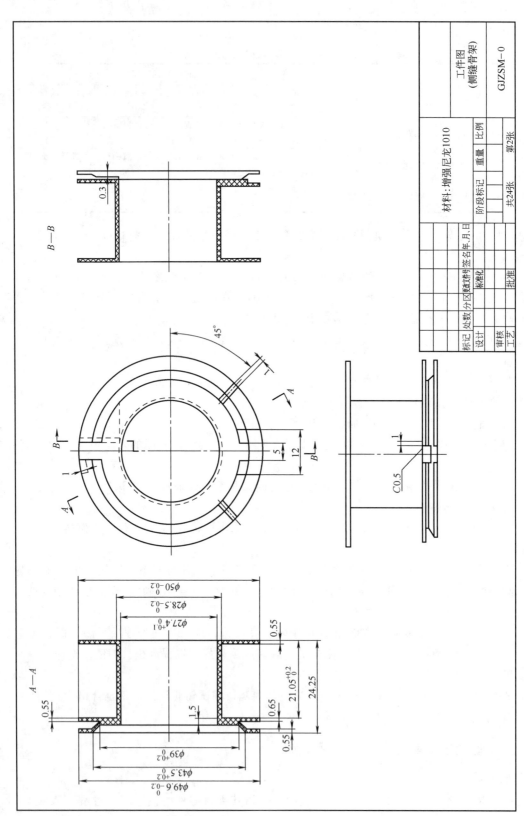

图 4-3 工件图

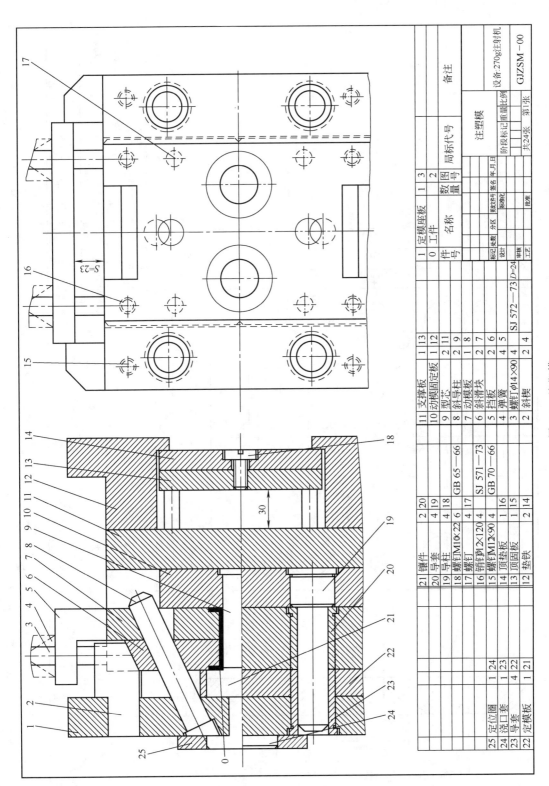

图 4-4 注塑模

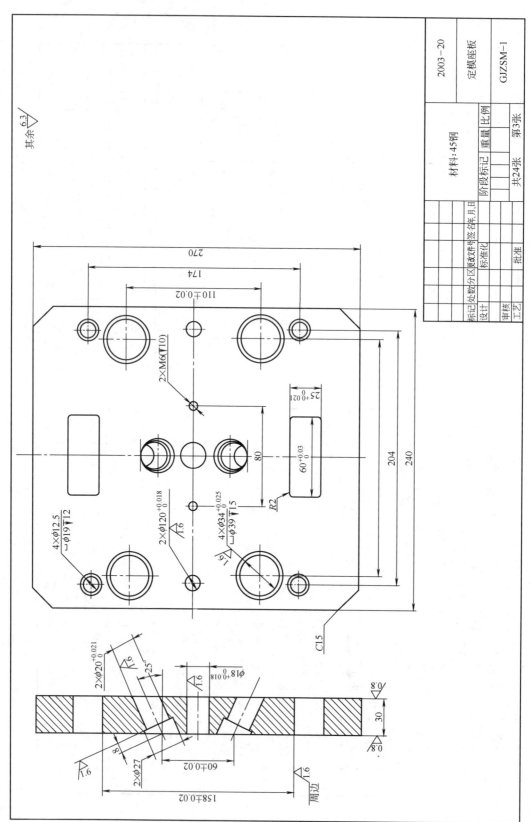

图 4-5 定模座板

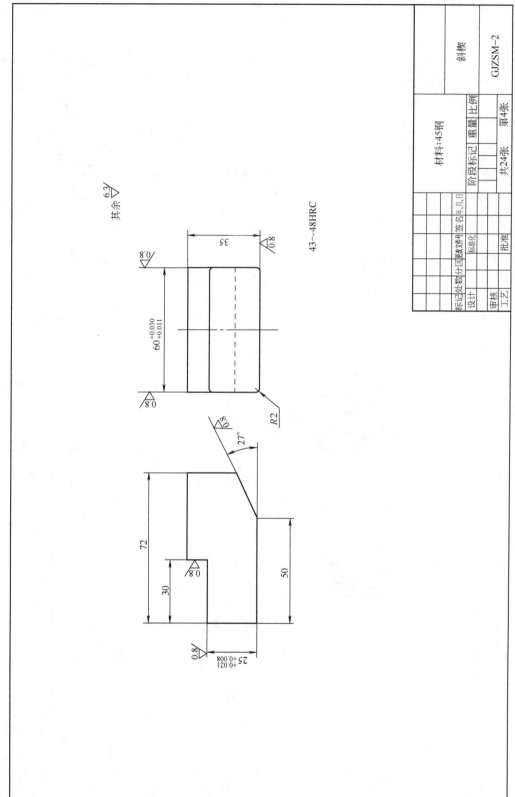

图 4-6 斜楔

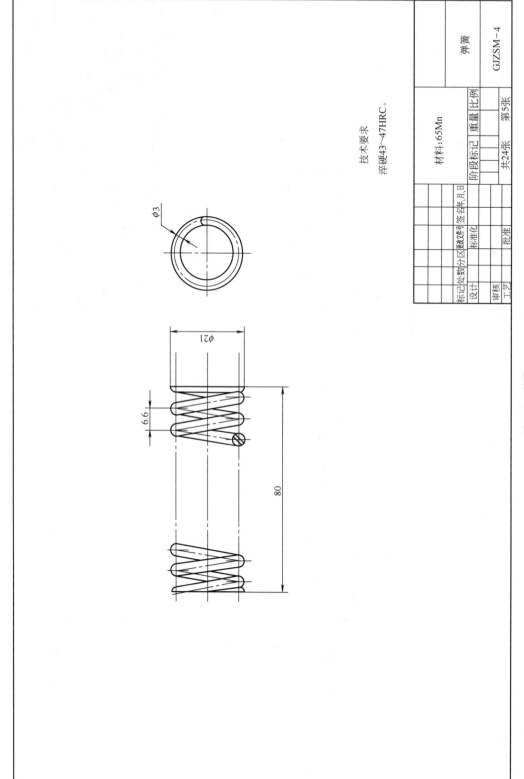

图 4-7 弹簧

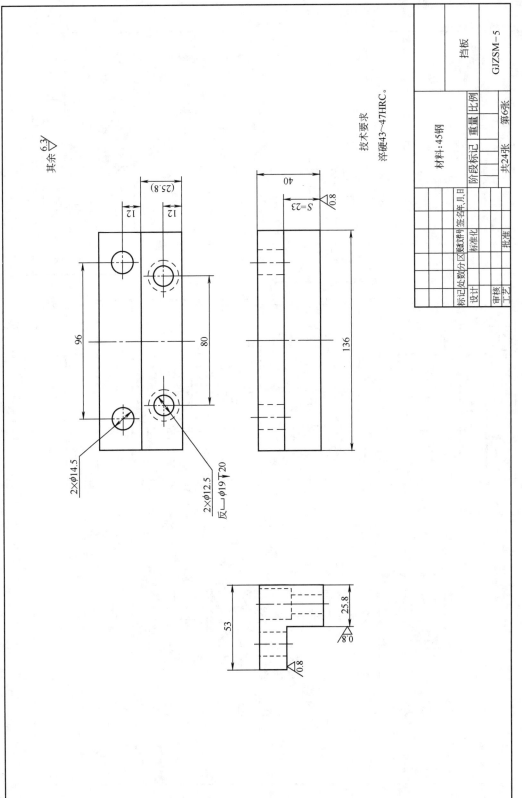

图 4-8 挡板

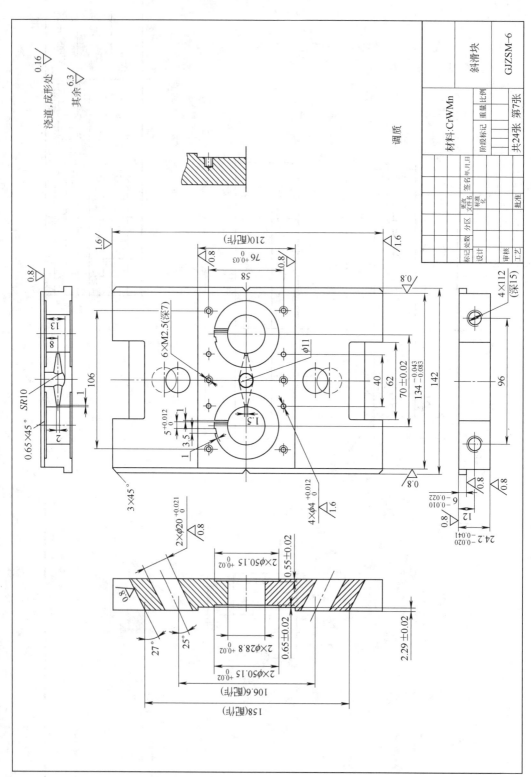

图 4-9 斜滑块

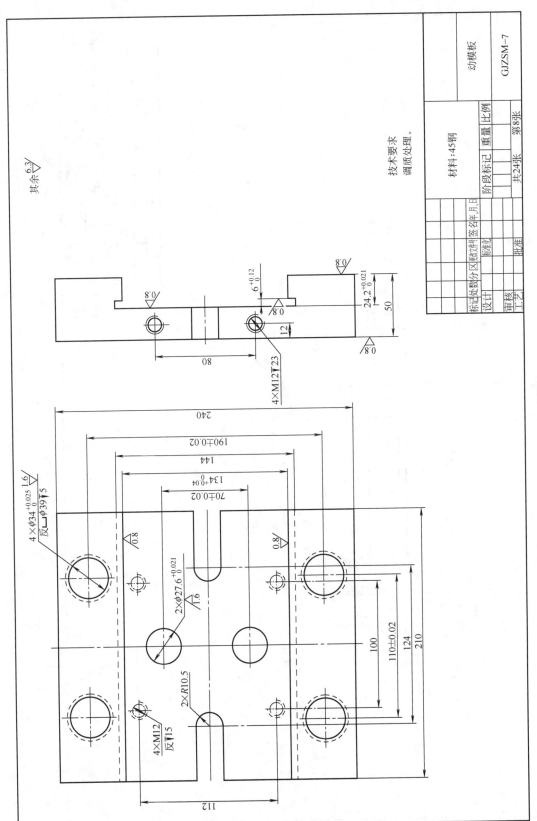

图 4-10 动模板

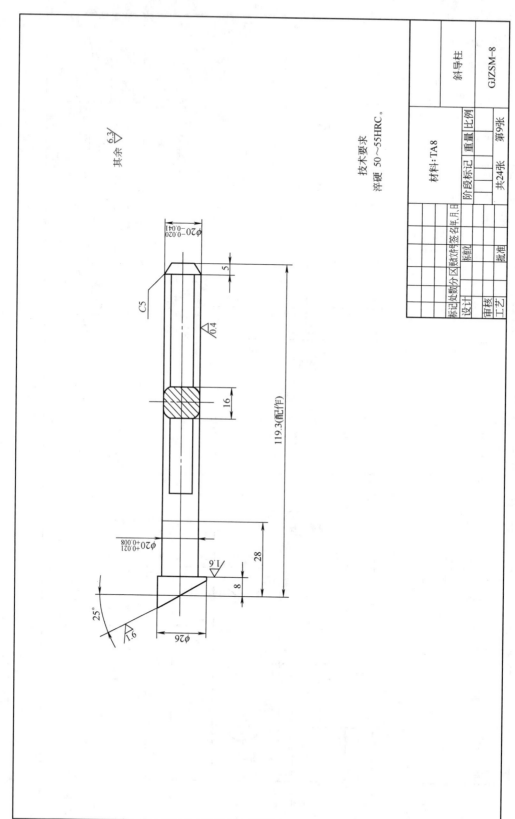

图 4-11 斜导柱

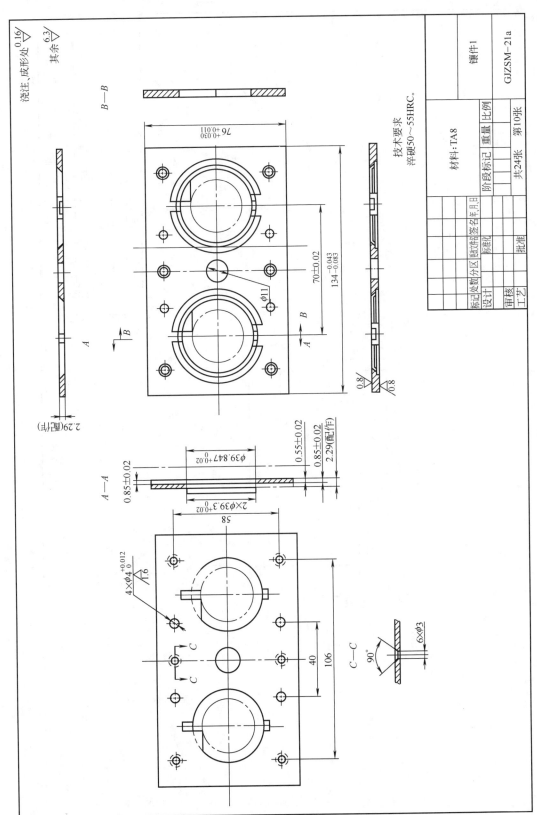

图 4-12 镶件

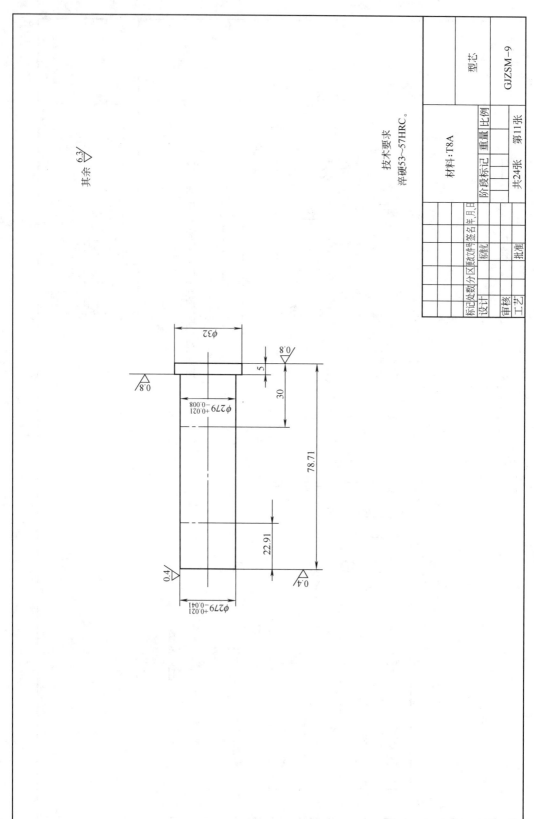

图 4-13 型芯

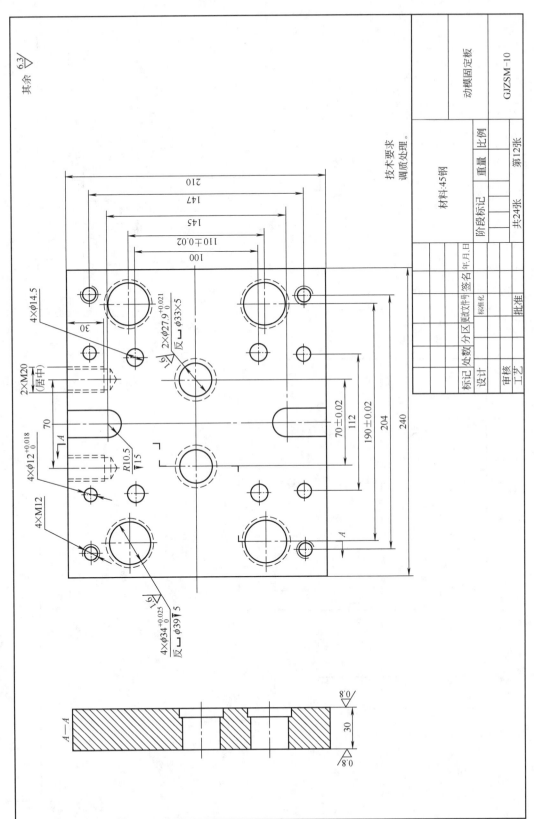

图 4-14 动模固定板

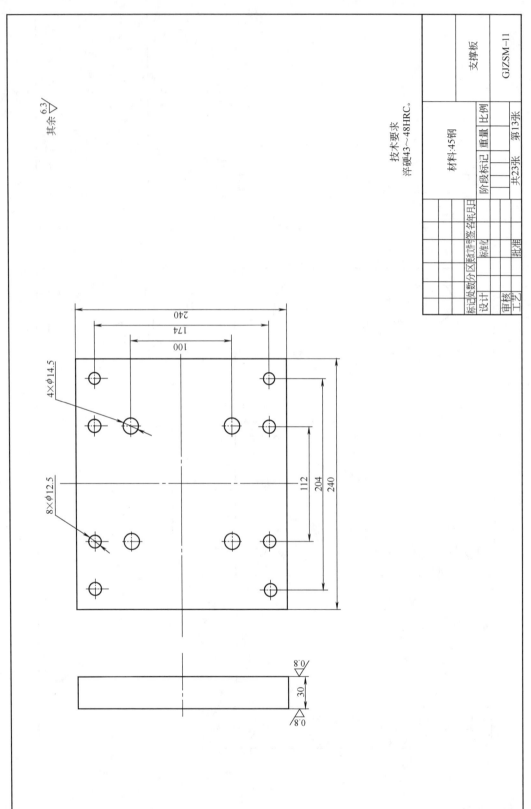

图 4-15 支撑板

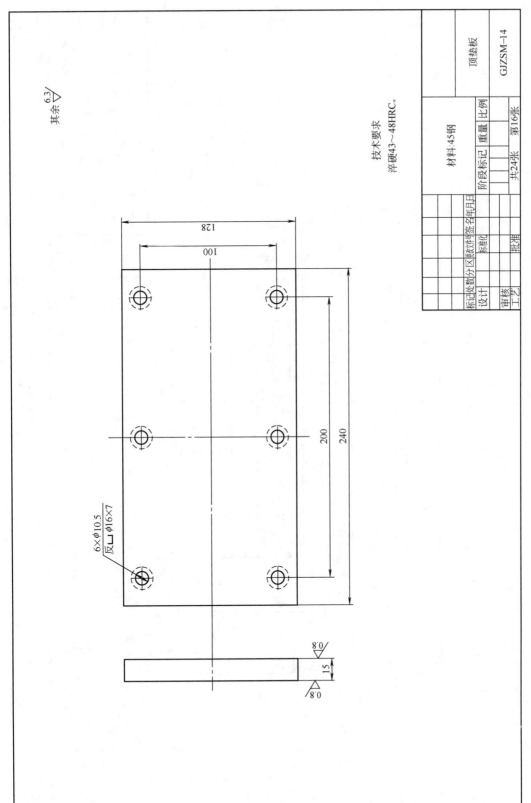

图 4-16 顶垫板

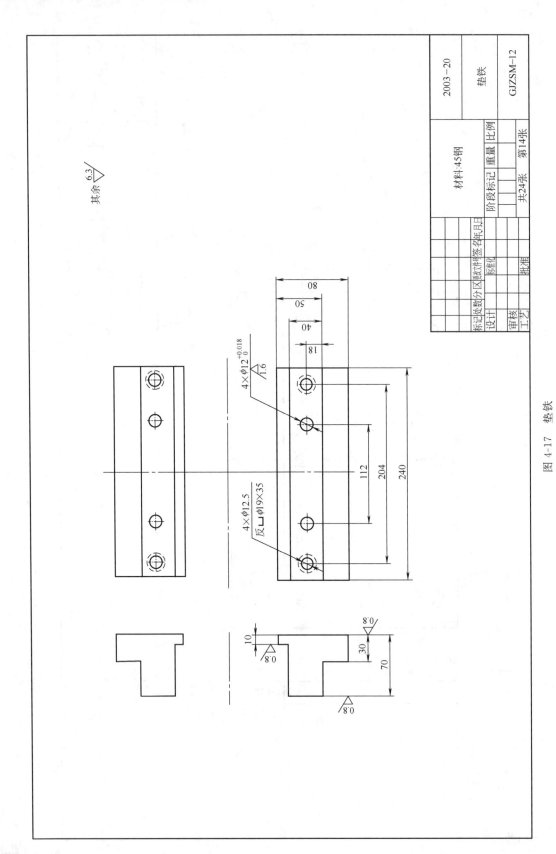

图 4-17 垫铁

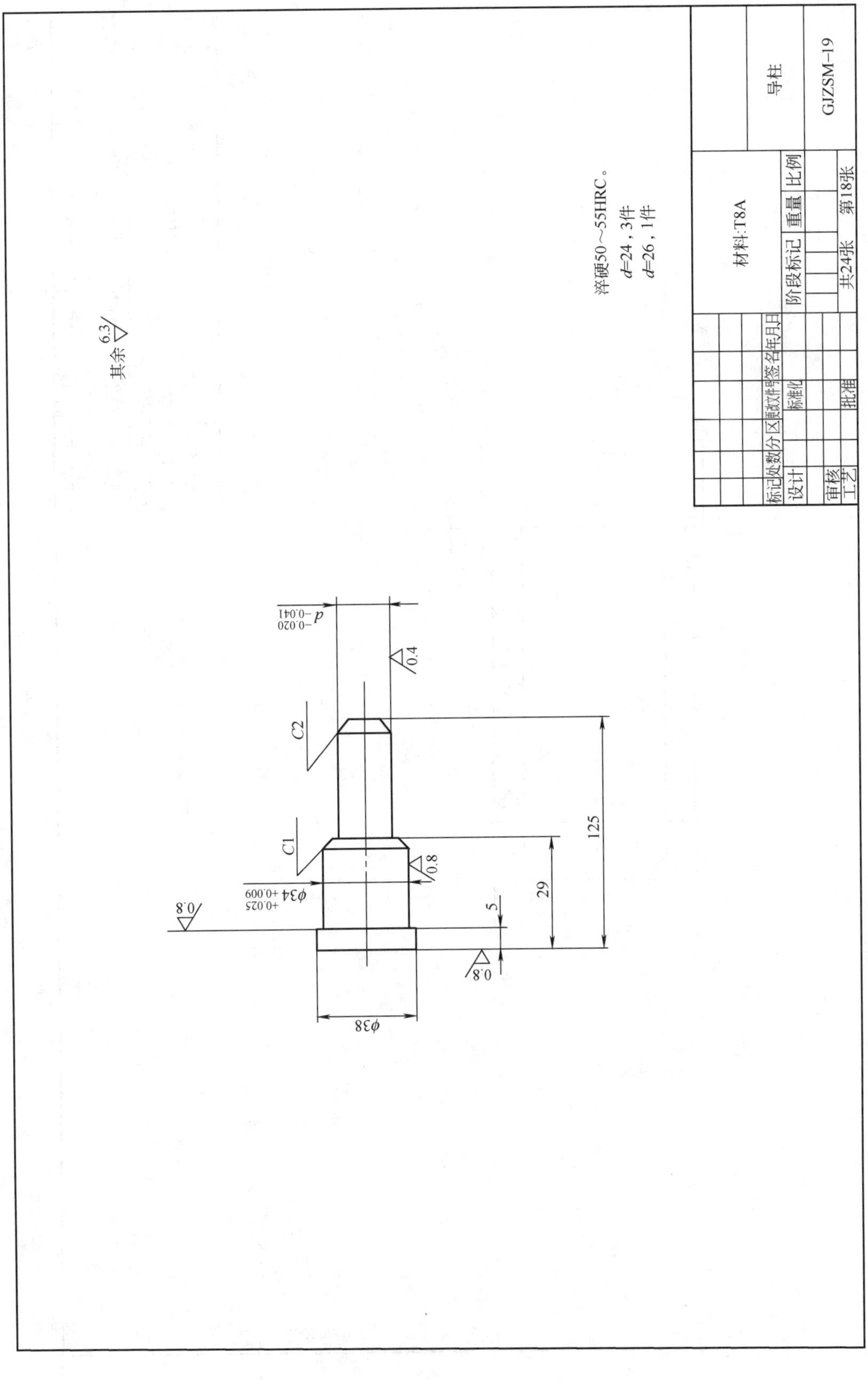

图 4-18 导柱

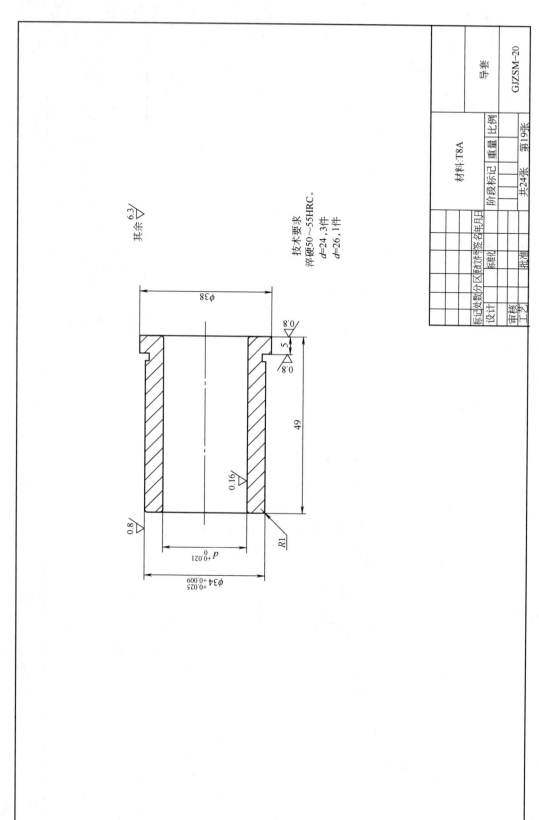

图 4-19　导　套

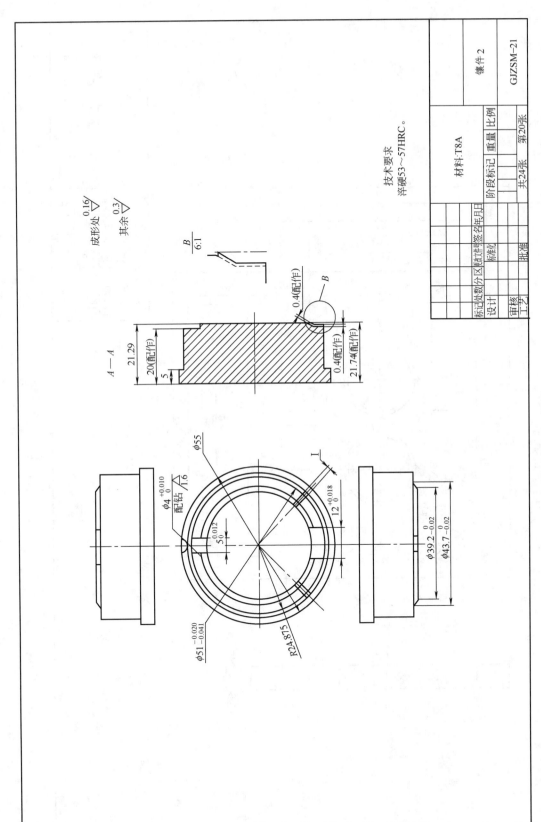

图 4-20 镶件 2

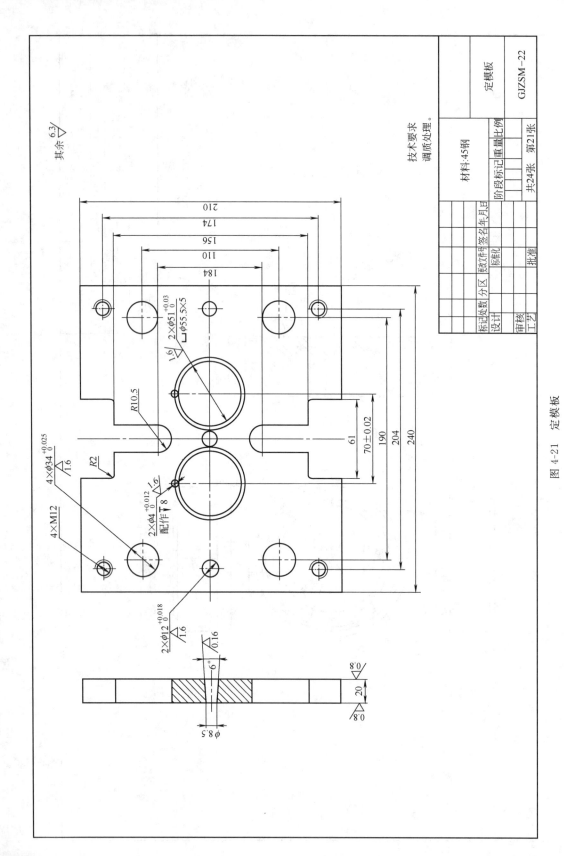

图 4-21 定模板

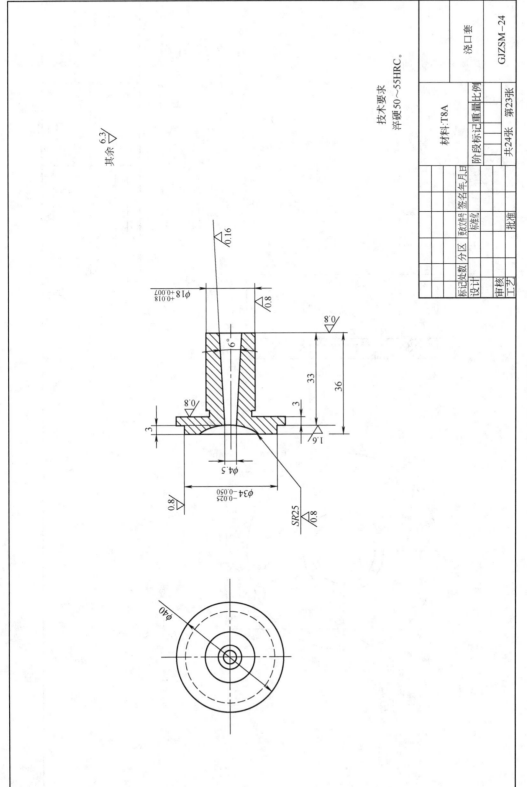

图 4-22 浇口套

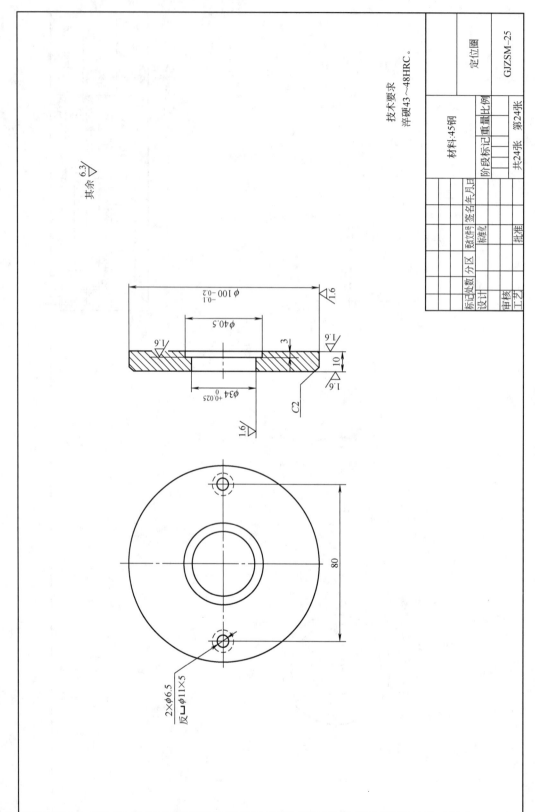

图 4-23 定位圈

表 4-4　定模座板制造工艺过程

零件图号		GJZSM-1	零件名称	定 模 座 板	
工序号	工序名称	工序内容		设备	备注
1	下料	276mm×246mm×36mm		锯床	
2	刨方			刨床	
3	磨基准面			平磨	
4	划线			钳台	
5	钻扩各孔	包括 25mm×60mm 型孔的穿丝孔		钻床	
6	攻丝螺纹			钳台	
7	线切割	两 25mm×60mm 型孔		线切割机	
8	平磨上、下面			磨床	
9	研两型孔			钳台	
10	配作销孔			钳台	
11	检验				

表 4-5　制造工艺过程

零件图号		GJZSM-2	零件名称	斜　　楔	
工序号	工序名称	工序内容		设备	备注
1	下料	ϕ54mm×101mm		锯床	
2	锻造	78mm×66mm×41mm			
3	热处理	退火			
4	刨方			刨床	
5	磨基准面			平磨	
6	划线			钳台	
7	铣外形			铣床	
8	磨外形			磨床	
9	试模				
10	钳工修配			钳台	

表 4-6　斜滑块制造工艺过程

零件图号		GJZSM-6	零件名称	斜滑块	
工序号	工序名称	工序内容		设备	备注
1	下料	ϕ88mm×173mm		锯床	
2	锻造	216mm×148mm×30mm			
3	热处理	退火			
4	刨方			刨床	
5	磨基准面			平磨	
6	划线			钳台	
7	铣外形			铣床	
8	钻、扩、铰各孔(配作)			钻床	
9	热处理	调质			
10	研各孔			钳台	
11	试模				
12	钳工修配			钳台	

表 4-7 动模板制造工艺过程

零件图号		GJZSM-7	零件名称	动模板	
工序号	工序名称	工序内容		设备	备注
1	下料	$\phi 128mm \times 254mm$		锯床	
2	锻造	$246mm \times 216mm \times 56mm$		锻床	
3	热处理	退火			
4	刨方			刨床	
5	磨基准面			磨床	
6	划线			钳台	
7	铣外形			铣床	
8	钻、扩、铰孔			钳台	
9	攻螺纹			钳台	
10	调质				
11	磨各配合面			工具磨	

表 4-8 斜导柱制造工艺过程

零件图号		GJZSM-8	零件名称	斜导柱	
工序号	工序名称	工序内容		设备	备注
1	下料	$\phi 30mm \times 126mm$		锯床	
2	车端面打中心孔			车床	
3	车外圆			车床	
4	铣两平面			铣床	
5	铣斜面			铣床	
6	热处理	淬火 50～55HRC			
7	磨外圆、平面及斜面			工具磨	
8	试模				
9	钳工修配			钳台	

表 4-9 镶件1制造工艺过程

零件图号		GJZSM-21a	零件名称	镶件1	
工序号	工序名称	工序内容		设备	备注
1	下料	$\phi 40mm \times 80mm$		锯床	
2	锻造	$140mm \times 82mm \times 8mm$			
3	热处理	退火			
4	刨方			刨床	
5	磨基准面			磨床	
6	划线			钳台	
7	钻、扩、铰各孔（配作）			钳台	
8	热处理	淬火			
9	电火花加工型孔			电火花机床	
10	平磨上、下面			磨床	
11	修研各型孔面			钳台	

表 4-10 导套制造工艺过程

零件图号		GJZSM-20	零件名称	导套	
工序号	工序名称	工序内容		设备	备注
1	下料	$\phi50\mathrm{mm}\times65\mathrm{mm}$		锯床	
2	锻造	$\phi46\mathrm{mm}\times55\mathrm{mm}$			
3	热处理	退火			
4	车外圆及内孔倒角			车床	
5	热处理	淬火 51～53HRC			
6	磨内、外圆			工具磨	
7	研磨内孔			钳台	
8	检验				

表 4-11 镶件 2 制造工艺过程

零件图号		GJZSM-21	零件名称	镶件 2	
工序号	工序名称	工序内容		设备	备注
1	下料	$\phi40\mathrm{mm}\times69\mathrm{mm}$		锯床	
2	锻造	$\phi60\mathrm{mm}\times28\mathrm{mm}$			
3	热处理	退火			
4	车外形			车床	
5	配作各台阶			钳台	
6	试模				
7	配钻			钳台	
8	热处理	淬火 51～53HRC			
9	研磨各配合面达要求			钳台	
10	检验				

表 4-12 浇口套制造工艺过程

零件图号		GJZSM-24	零件名称	浇口套	
工序号	工序名称	工序内容		设备	备注
1	下料	$\phi38\mathrm{mm}\times67\mathrm{mm}$		锯床	
2	锻造	$\phi46\mathrm{mm}\times42\mathrm{mm}$			
3	热处理	退火			
4	车外圆、钻孔、车球面凹坑			车床	
5	铰锥孔			钳台	
6	热处理	淬火 50～55HRC			
7	磨外圆、台阶面、球面			工具磨床	
8	检验				

(2) 实例（二）

现以盖子热流道注塑模（图 4-24～图 4-35，其中图 4-24 为制件图，图 4-25 为装配图）为例，介绍其主要零件（图 4-26～图 4-35）的制造工艺过程（表 4-13～表 4-23）。

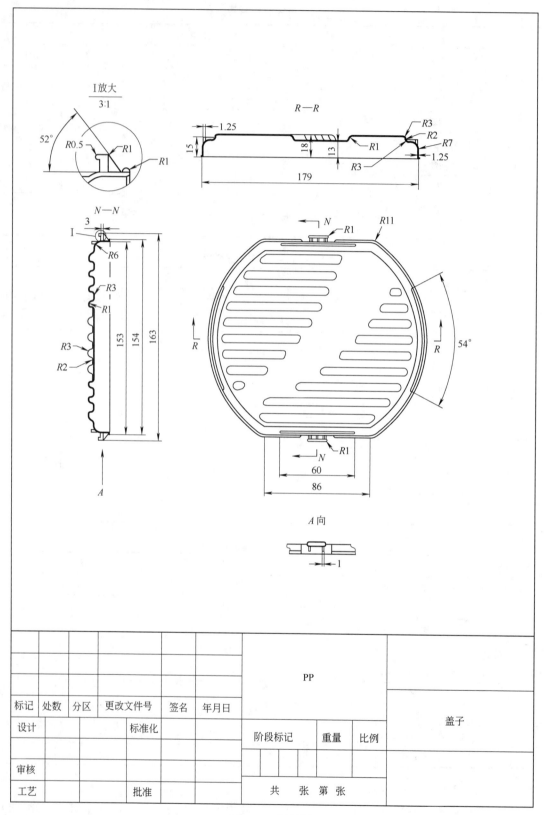

图 4-24 制件图

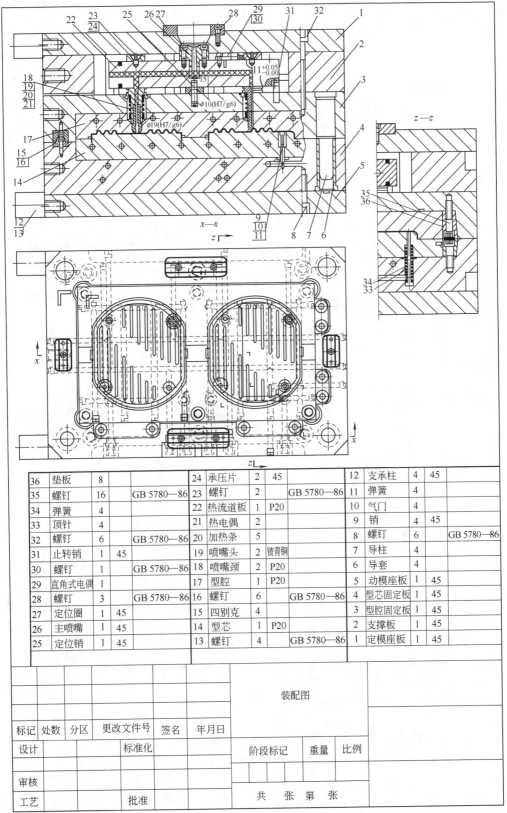

图 4-25 装配图

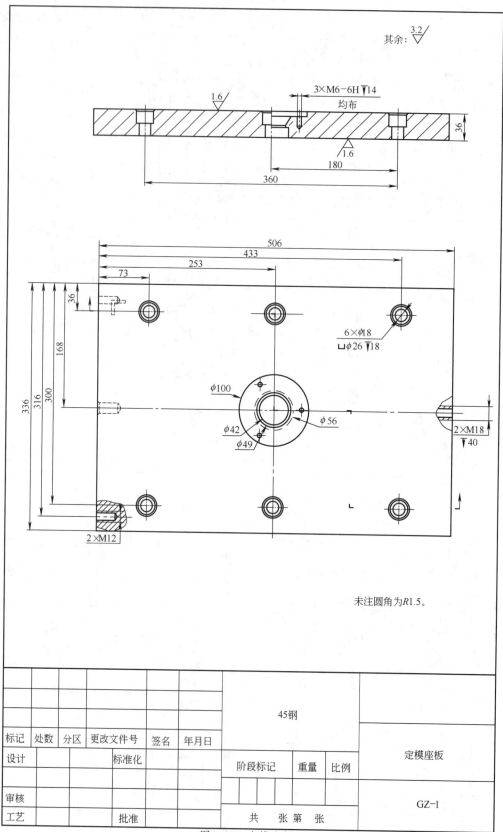

图 4-26 定模座板

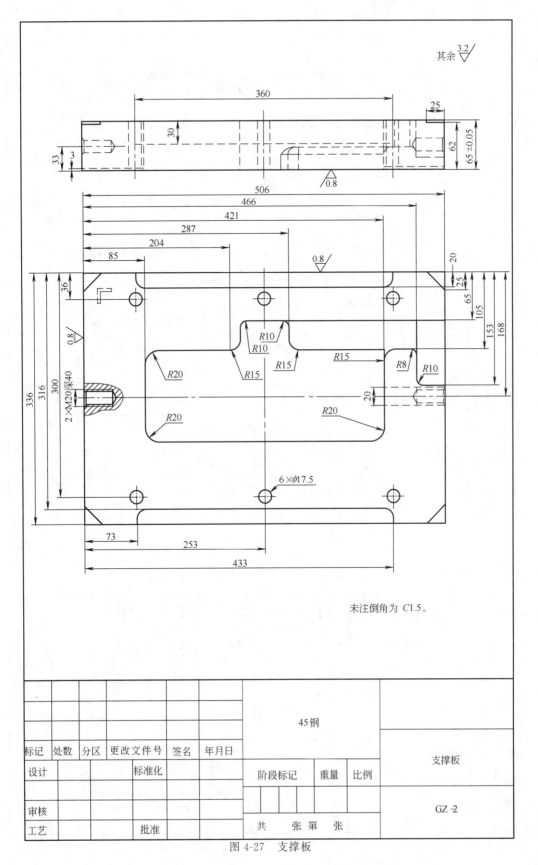

图 4-27 支撑板

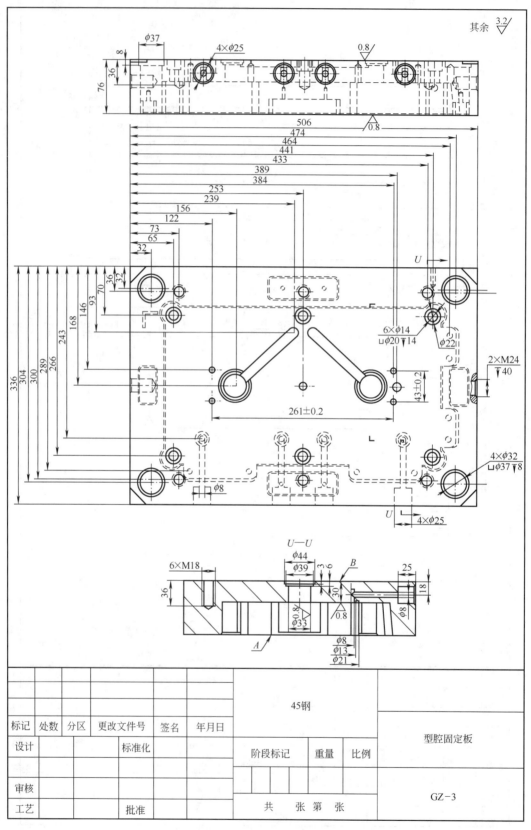

图 4-28　型腔固定板

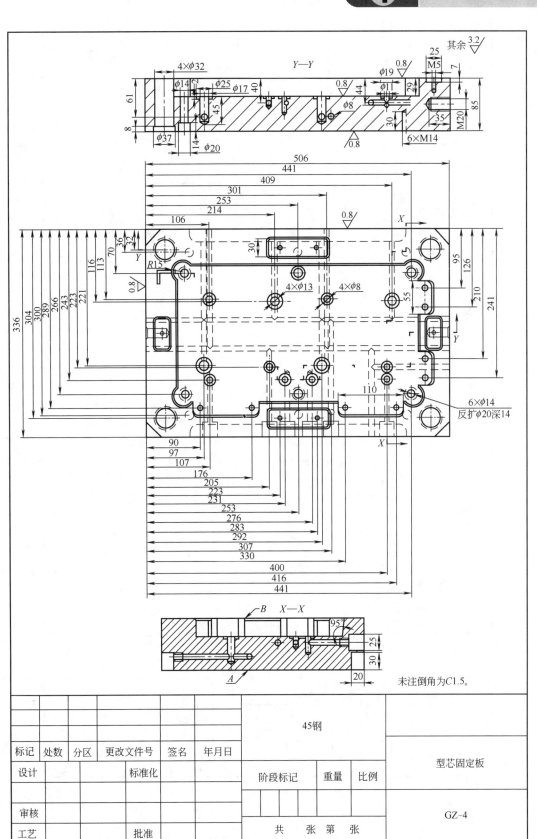

图 4-29 型芯固定板

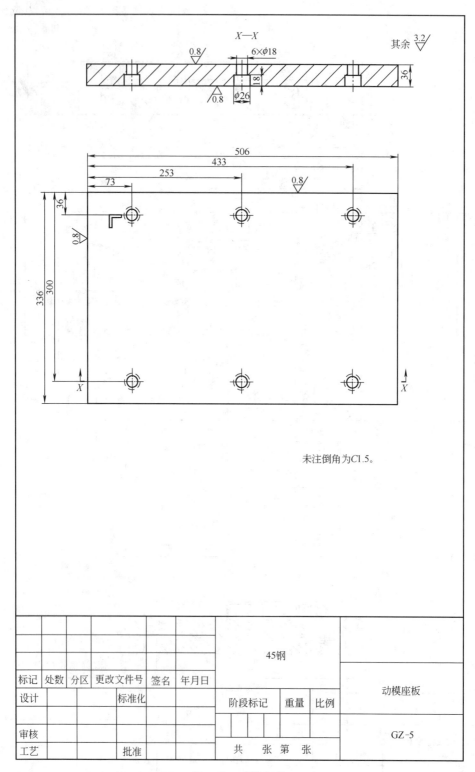

图 4-30　动模座板

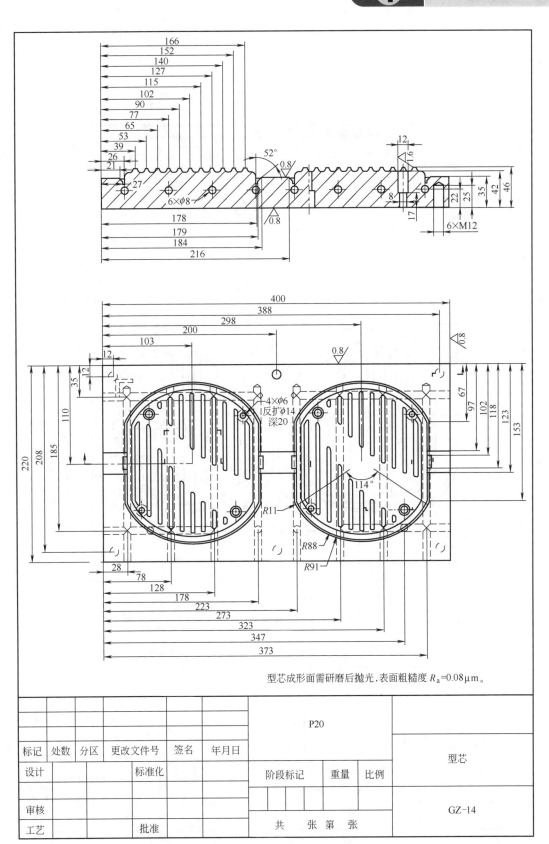

图 4-31 型芯

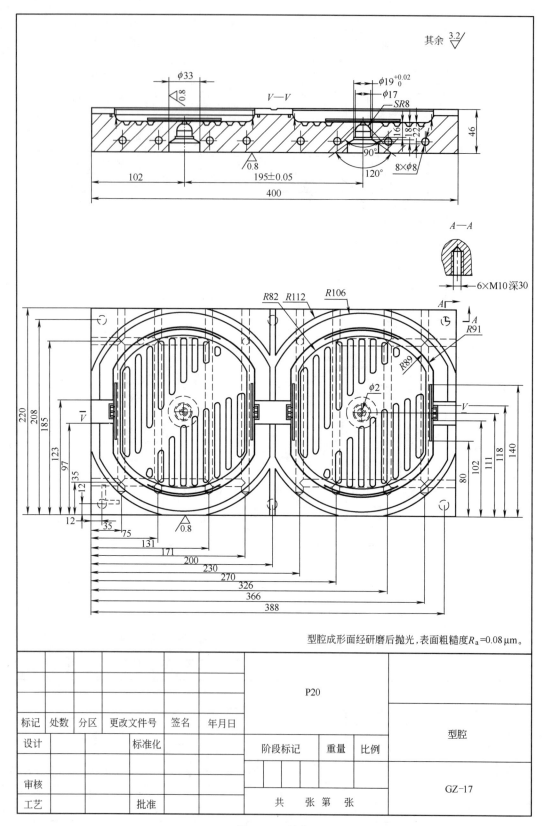

图 4-32 型腔

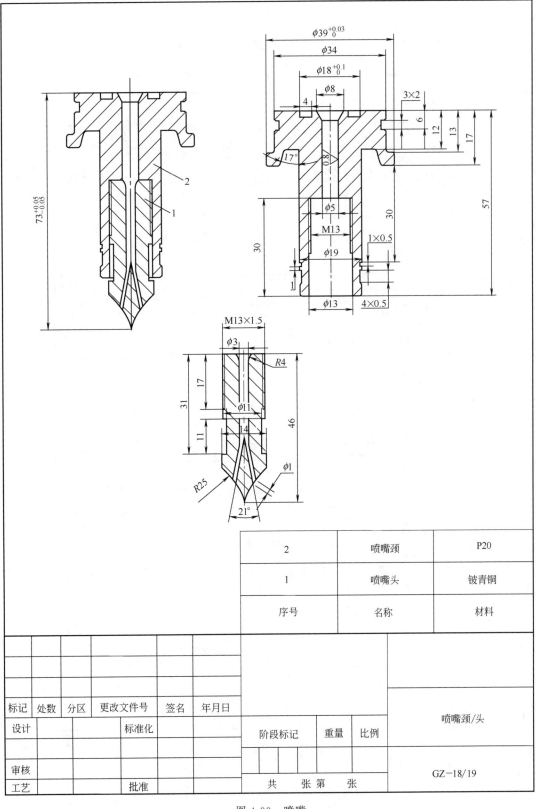

图 4-33 喷嘴

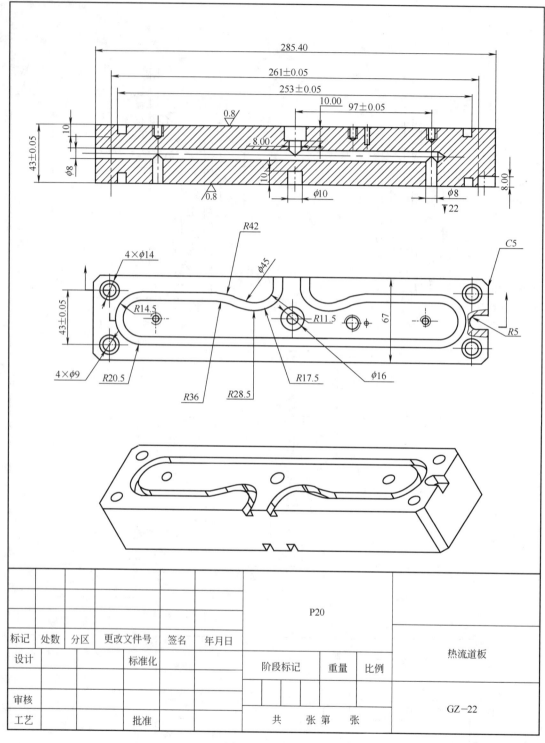

图 4-34 热流道板

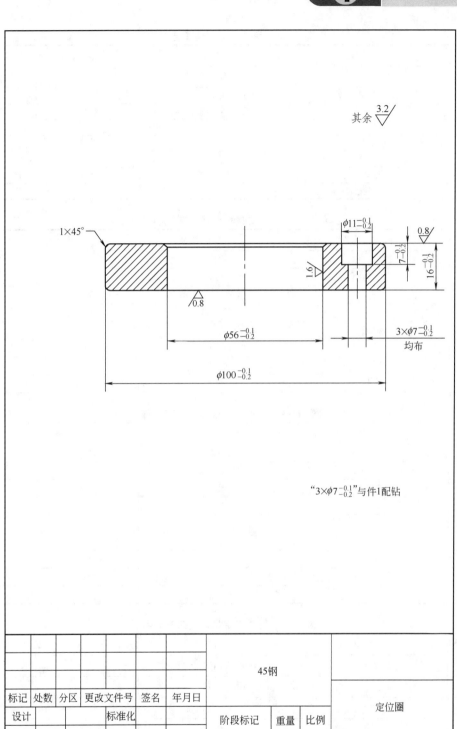

图 4-35 定位圈

表 4-13 定模座板制造工艺过程

零件图号	GZ-1		零件名称	定模座板	
序号	工序名称	工序内容		设备	备注
1	下料、钻、攻 M18 螺纹	520mm×350mm×40mm			
2	铣削	基准及其他面		铣床	
3	划线				
4	钻、镗			镗床	
5	攻螺纹				
6	磨两平面			磨床	$R_a=1.6\mu m$
7	检验				

表 4-14 支撑板制造工艺过程

零件图号	GZ-2		零件名称	支撑板	
工序号	工序名称	工序内容		设备	备注
1	下料	518mm×348mm×77mm		切割机	
2	铣	六面、基准面		铣床	
3	磨	基准面		磨床	
4	钳工	划线			
5	铣	型孔		铣床	
6	钳工	钻孔			
7	检验				

表 4-15 型腔固定板制造工艺过程

零件图号	GZ-3		零件名称	型腔固定板	
工序号	工序名称	工序内容		设备	备注
1	下料、钻、攻 M24 螺纹	516mm×346mm×80mm			
2	铣削	基准及其他面		铣床	
3	划线				
4	粗铣			加工中心	
5	精铣			加工中心	
6	钻水孔及螺孔			摇臂钻	水孔
7	磨 A、B 面			磨床	
8	检验				

表 4-16 型芯固定板制造工艺过程

零件图号	GZ-4		零件名称	型芯固定板	
工序号	工序名称	工序内容		设备	备注
1	下料、钻、攻 M24 螺纹	516mm×346mm×90mm			
2	铣削	基准及其他面		铣床	
3	划线				
4	粗铣			加工中心	
5	精铣			加工中心	
6	钻水孔及螺孔			摇臂钻	
7	磨 A、B 面			磨床	$R_a=0.8\mu m$
8	检验				

表 4-17 动模座板制造工艺过程

零件图号	GZ-5		零件名称	动模座板	
工序号	工序名称	工序内容		设备	备注
1	下料	520mm×350mm×40mm			
2	铣削			铣床	
3	划线				
4	钻			摇臂钻	
5	磨平面			磨床	
6	检验				

表 4-18 型芯制造工艺过程

零件图号	GZ-14		零件名称	型芯	
工序号	工序名称	工序内容		设备	备注
1	下料	404mm×224mm×49mm			
2	铣基准及端面			铣床	
3	划线				
4	钻孔及攻螺纹			摇臂钻	
5	粗铣				
6	精铣				
7	钻、铰孔	气门及气顶孔		钻床	
8	型芯抛光				
9	检验				

表 4-19 型腔制造工艺过程

零件图号	GZ-17		零件名称	型腔	
工序号	工序名称	工序内容		设备	备注
1	下料	404mm×224mm×49mm			
2	铣基准及端面			铣床	
3	划线				
4	钻孔及攻螺纹			摇臂钻	
5	粗铣			加工中心	
6	精铣			加工中心	
7	电蚀	打喷嘴		电火花	
8	型腔抛光				$R_a=0.01$
9	检验				

表 4-20 喷嘴颈制造工艺过程

零件图号	GZ-18		零件名称	喷嘴颈	
工序号	工序名称	工序内容		设备	备注
1	下料	$\phi45mm\times65mm$		车床	
2	平端面			车床	
3	车	打中心孔→钻$\phi4.8mm$孔并铰至要求；车"$\phi39_{0}^{+0.03}$"、"$\phi34$"、端面槽及"3×2"槽至尺寸要求		车床	
4	车	掉头定长车各外圆至尺寸		车床	
5	钳工	攻螺纹			
6	检验				

表 4-21 喷嘴头制造工艺过程

零件图号	GZ-19		零件名称	喷嘴头	
工序号	工序名称	工序内容		设备	备注
1	下料	$\phi17mm\times50mm$		车床	
2	车	车各外圆至尺寸→车"$R25$"→车"$M13\times1.5$"螺纹→切断定长		车床	
3	穿孔	穿"$\phi3$"、"$\phi1$"孔		穿孔机	
4	检验				

表 4-22 热流道板制造工艺过程

零件图号	GZ-22		零件名称	热流道板	
工序号	工序名称	工序内容		设备	备注
1	下料	$290mm\times70mm\times46mm$			
2	切轮廓			线切割	
3	铣削			铣床	
4	划线				
5	钻孔			钻床	
6	磨平面			磨床	$R_a=0.8\mu m$
7	检验				

表 4-23 定位圈制造工艺过程

零件图号	GZ-27		零件名称	定位圈	
工序号	工序名称	工序内容		设备	备注
1	下料	$\phi105mm\times30mm$		车床	
2	车	车端面→钻$\phi54mm$孔→镗至尺寸→车$\phi100mm$至尺寸→倒角→切断，长为16.5mm→掉头定长倒角		车床	
3	钳工	划线→钻		车床	
4	检验				

4.1.3 压铸模主要零件的制造工艺范例

现以盒体压铸模（图 4-36～图 4-60）为例，介绍其主要零件的制造工艺过程（表4-24～表 4-35）。

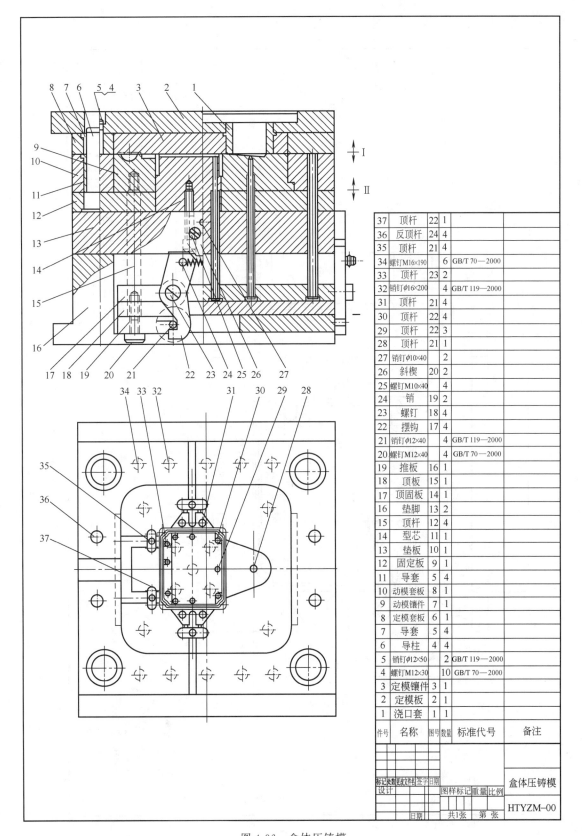

图 4-36 盒体压铸模

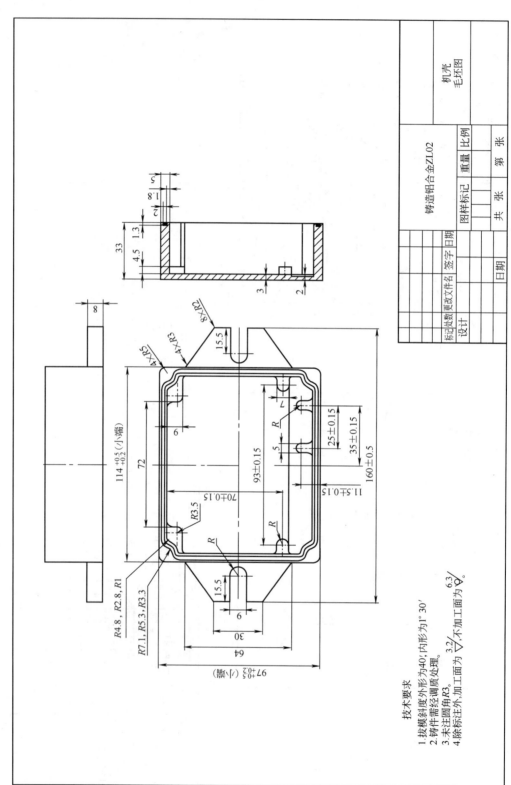

图 4-37 机壳毛坯图

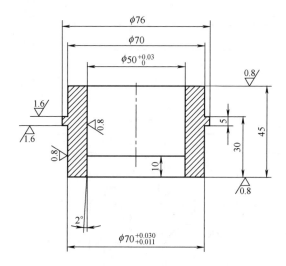

图 4-38 浇口套

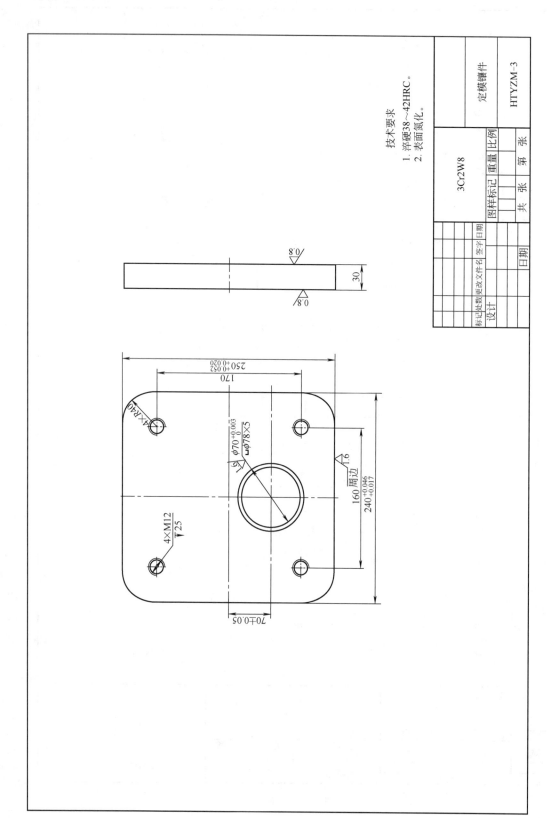

图 4-39 定模镶件

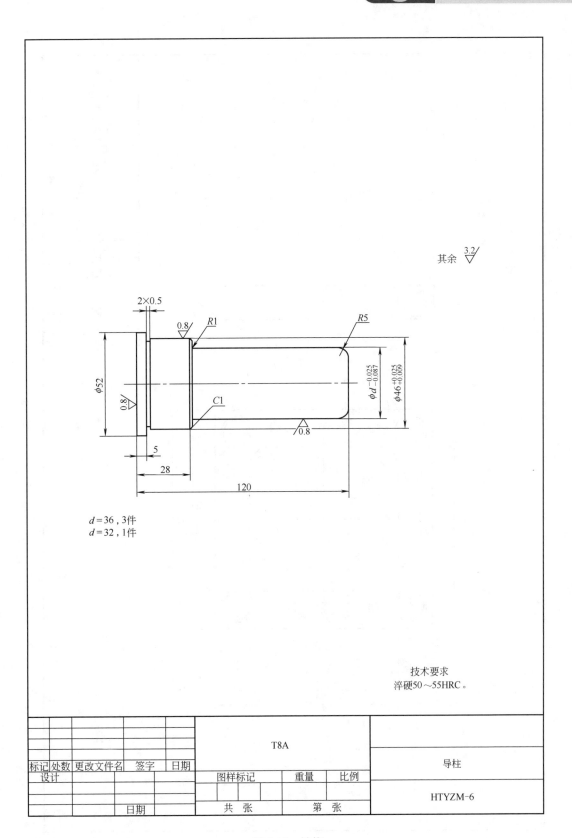

图 4-40 导柱

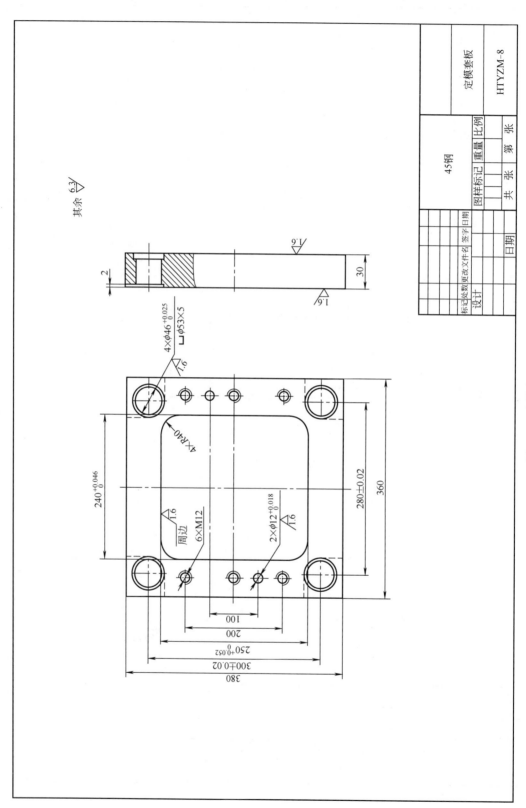

图 4-41 定模套板

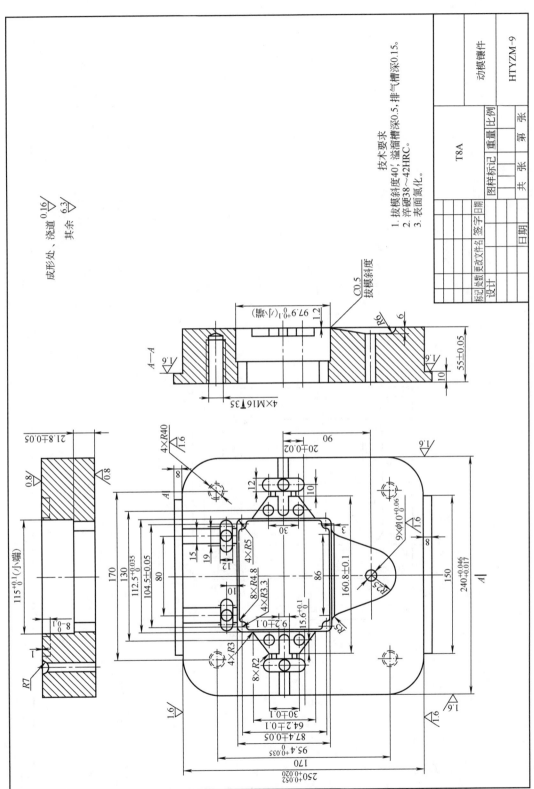

图 4-42 动模镶件

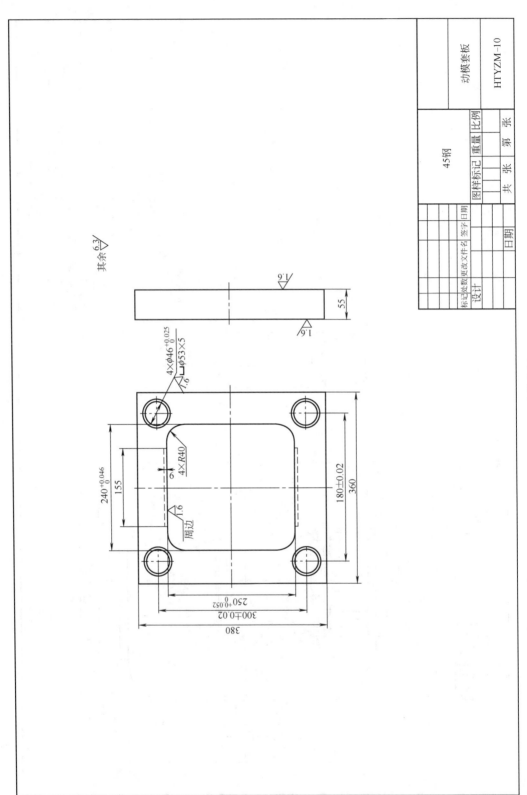

图 4-43 动模套板

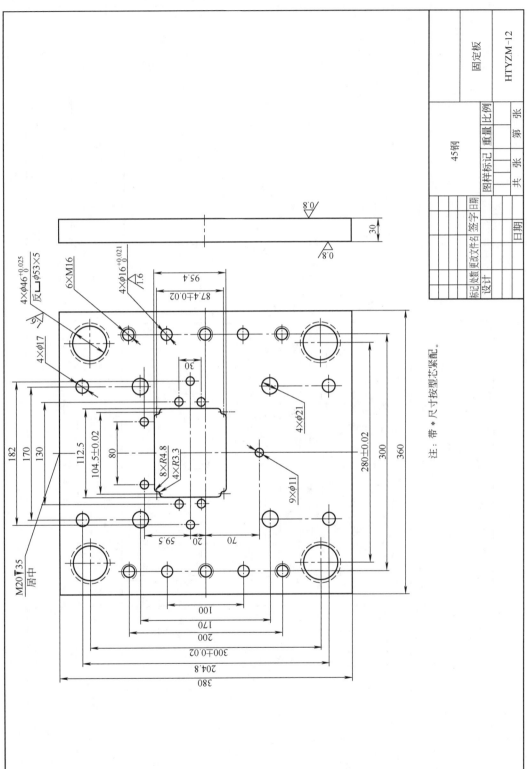

图 4-44 固定板

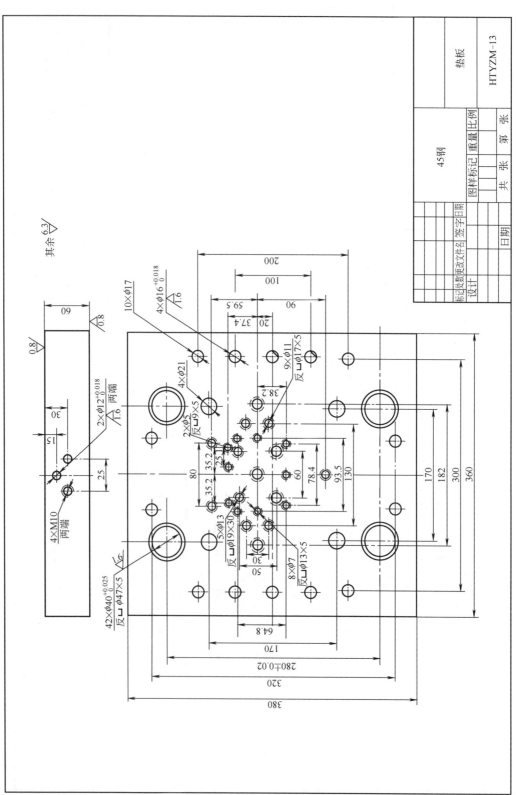

图 4-45 垫板

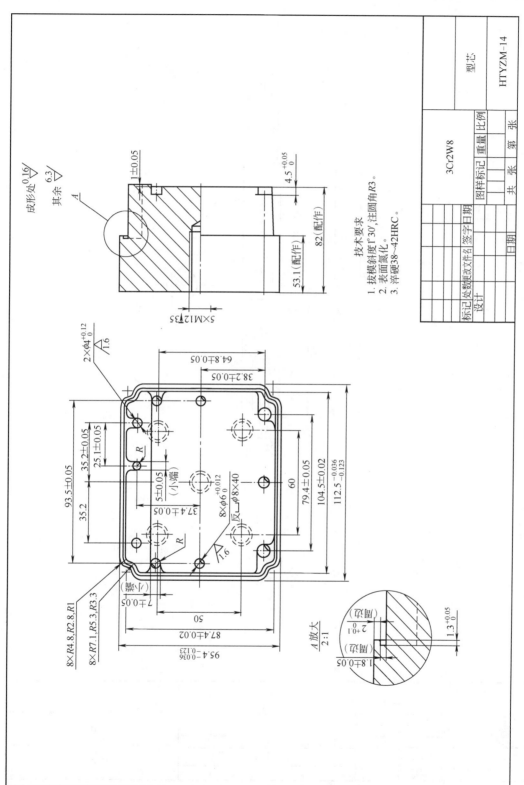

图 4-46 型芯

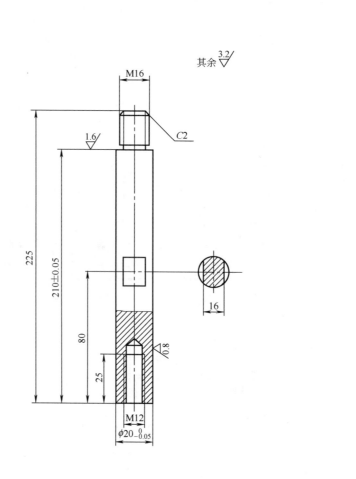

图 4-47 顶杆

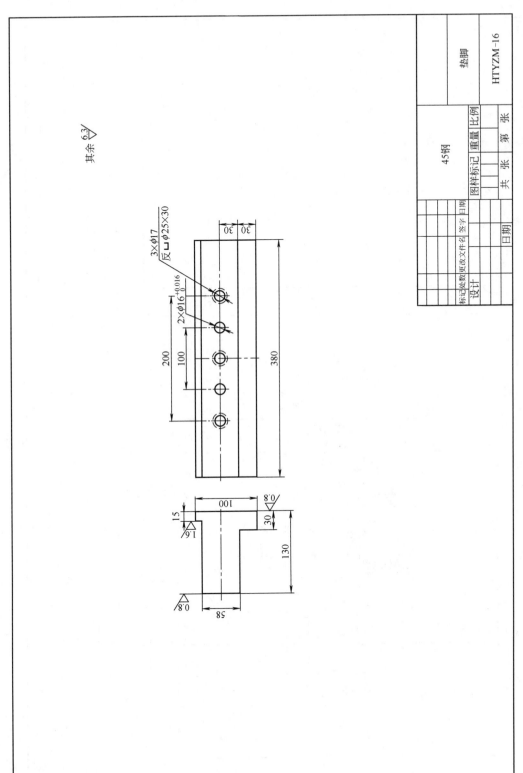

图 4-48 垫脚

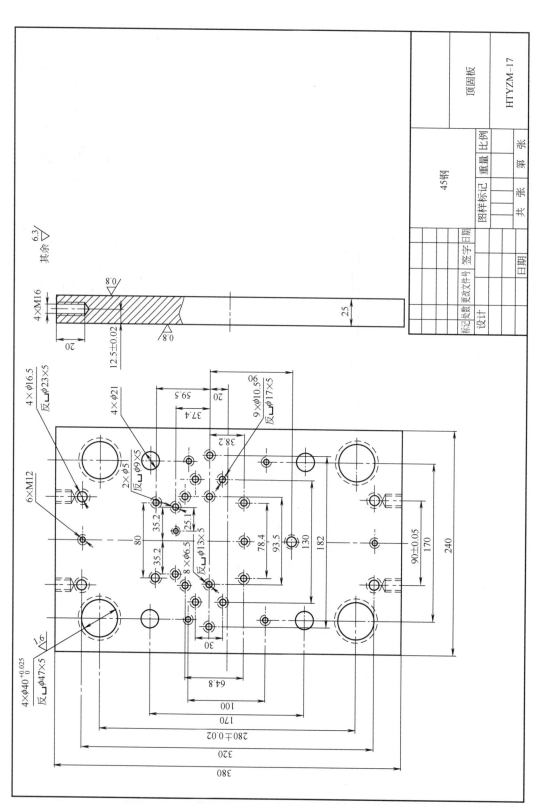

图 4-49 顶固板

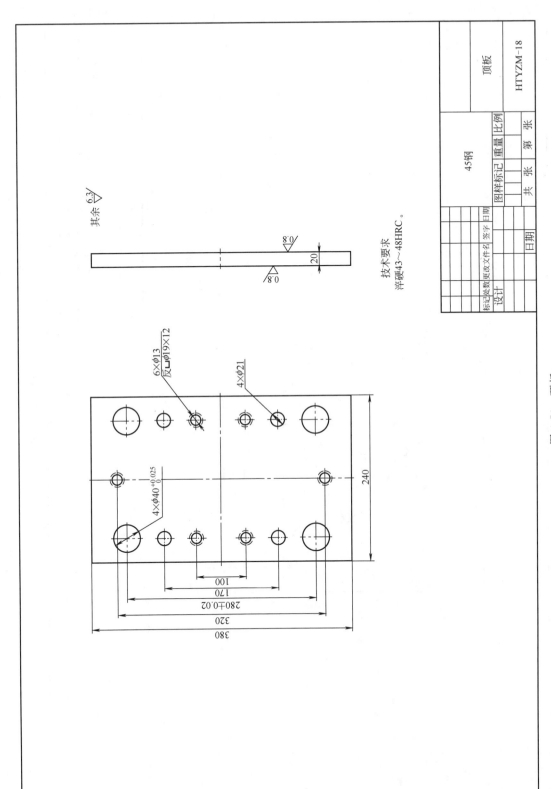

图 4-50 顶板

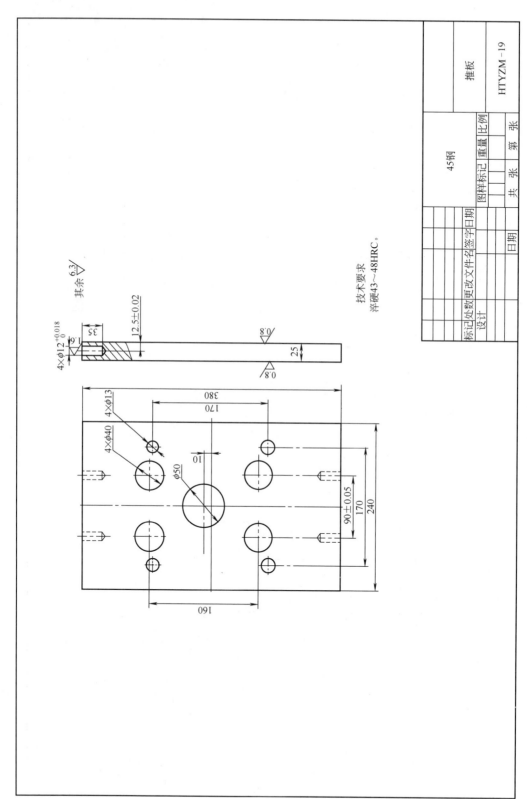

图 4-51 推板

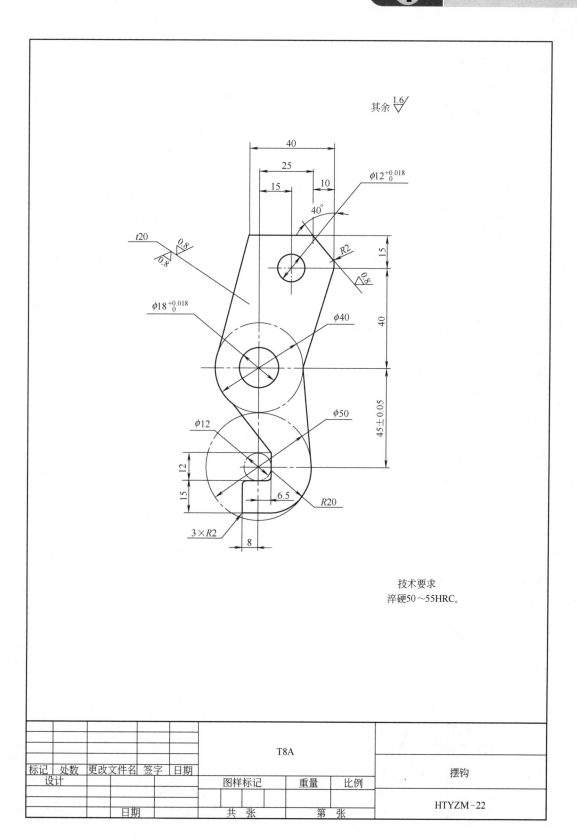

图 4-52 摆钩

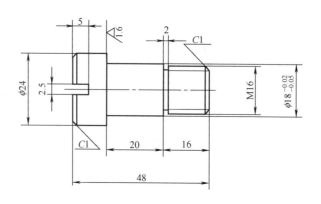

图 4-53 螺钉

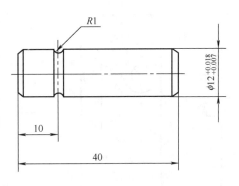

技术要求
淬硬43～48HRC。

图 4-54 销

图 4-55 斜楔

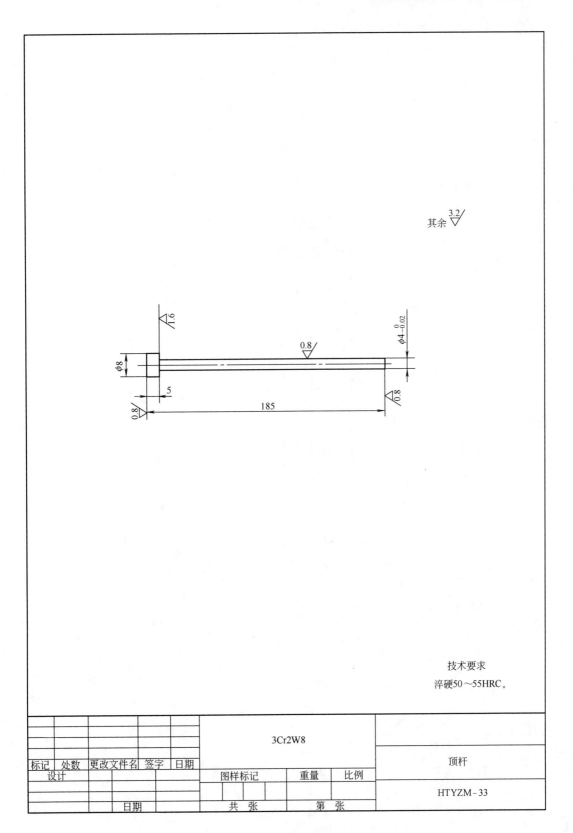

图 4-56 顶杆

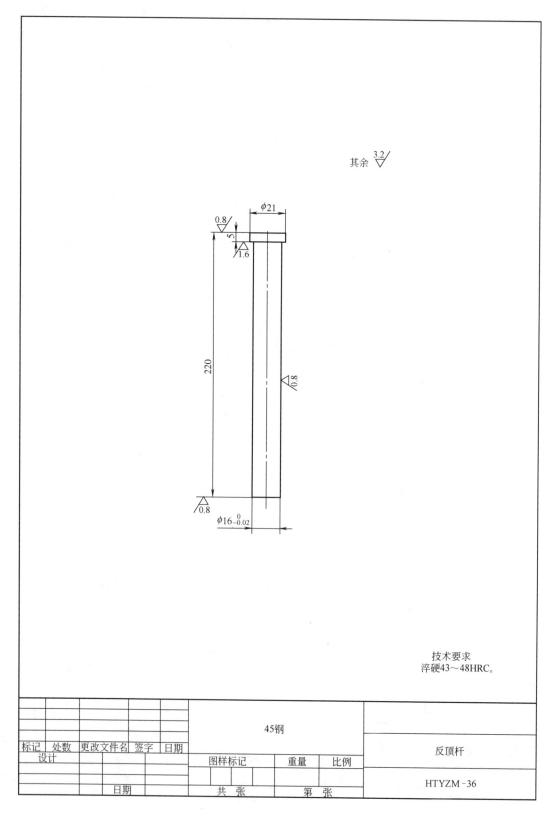

图 4-57 反推杆

其余

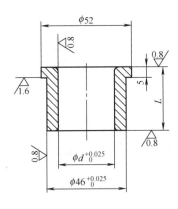

| 件7 | L=28 | d=36 | 各3件 |
| 件11 | L=55 | d=32 | 各1件 |

技术要求
淬硬50～55HRC。

图 4-58 导套

其余 $\sqrt{3.2}$

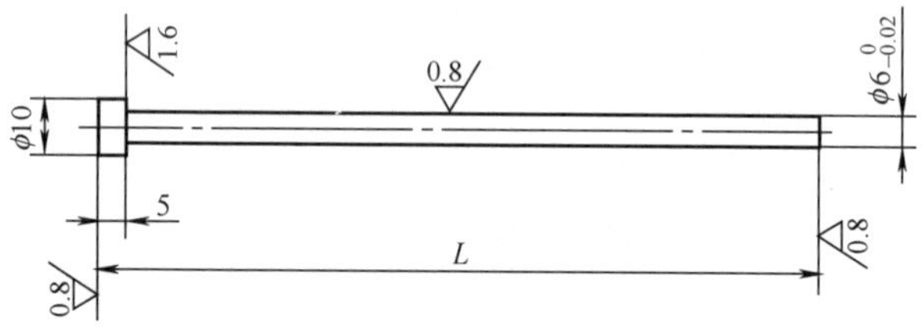

件29	$L=217$	3件
件30	$L=212.5$	4件
件37	$L=218$	1件

技术要求
淬硬50～55HRC。

					3Cr2W8			顶杆
标记	处数	更改文件名	签字	日期				
设计					图样标记	重量	比例	
			日期		共 张	第 张		HTYZM-29,30,37

图 4-59 顶杆

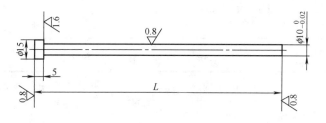

件28　　$L=214$　　1件
件31　　$L=212$　　4件
件35　　$L=214$　　4件

技术要求
淬硬50～50HRC。

					3Cr2W8			顶杆
标记	处数	更改文件名	签字	日期	图样标记	重量	比例	
设计								HTYZM-28,31,35
		日期			共　张		第　张	

图 4-60　顶杆

表 4-24 浇口套制造工艺过程

零件图号		HTYZM-1		零件名称		浇口套	
工序号	工序名称	工 序 内 容				设备	备注
1	下料	φ56mm×109mm				锯床	
2	锻造	φ82mm×51mm					
3	热处理	退火					
4	车削	车外圆,钻内孔				车床	
5	热处理	低温退火					
6	磨削	磨外圆及内孔				工具磨	
7	热处理	淬火 38~42HRC					
8	试模						
9	氮化						
10	钳工修配					钳台	

表 4-25 定模镶件制造工艺过程

零件图号		HTYZM-3		零件名称		定模镶件	
工序号	工序名称	工 序 内 容				设备	备注
1	下料	φ120mm×220mm				锯床	
2	锻造	256mm×246mm×36mm					
3	热处理	退火					
4	刨方					刨床	
5	磨基准面					平磨	
6	划线					钳台	
7	铣外形					铣床	
8	钻孔					钻床	
9	热处理	低温退火					
10	磨外形					工具磨	
11	热处理	淬火 38~42HRC					
12	试模						
13	氮化						
14	钳工修配					钳台	

表 4-26 动模镶件制造工艺过程

零件图号		HTYZM-9		零件名称	动模镶件	
工序号	工序名称	工 序 内 容			设备	备注
1	下料	φ142mm×284mm			锯床	
2	锻造	272mm×246mm×61mm				
3	热处理	退火				
4	刨方				刨床	
5	磨基准面				平磨	
6	划线				钳台	
7	铣削	铣外形及型孔并钻孔			铣床	
8	热处理	低温退火				
9	磨削	磨外形及型孔,达要求			工具磨	
10	热处理	淬火 38～42HRC				
11	试模					
12	氮化					
13	钳工修配				钳台	

表 4-27 动模套板制造工艺过程

零件图号		HTYZM-10		零件名称	动模套板	
工序号	工序名称	工 序 内 容			设备	备注
1	下料	386mm×366mm×60mm			锯床	
2	刨方				刨床	
3	磨基准面				磨床	
4	划线				钳台	
5	钻孔	钻各孔、穿丝孔			钻床	
6	线切割	切各型孔			线切割机	
7	平磨上、下面				磨床	

表 4-28 固定板制造工艺过程

零件图号		HTYZM-12		零件名称	固定板	
工序号	工序名称	工 序 内 容			设备	备注
1	下料	366mm×386mm×36mm			锯床	
2	刨方				刨床	
3	磨基准面				磨床	
4	划线				钳台	
5	钻孔	钻各孔、攻螺纹、钻穿丝孔			钻床	
6	线切割	切固定孔			线切割机	
7	磨削	平磨上、下面			磨床	
8	配作各销孔				钳台	
9	检验					

表 4-29 垫板制造工艺过程

零件图号		HTYZM-13		零件名称		垫板	
工序号	工序名称	工 序 内 容				设备	备注
1	下料	386mm×366mm×66mm				锯床	
2	刨方					刨床	
3	磨基准面					磨床	
4	划线					钳台	
5	钻扩各孔					钻床	
6	磨上、下面					磨床	
7	配作销孔					钳台	

表 4-30 型芯制造工艺过程

零件图号		HTYZM-14		零件名称		型芯	
工序号	工序名称	工 序 内 容				设备	备注
1	下料	ϕ90mm×180mm				锯床	
2	锻造	118mm×100mm×88mm					
3	热处理	退火					
4	刨方	给精加工留1.5mm余量				刨床	
5	磨基准面					平磨	
6	划线					钳台	
7	铣外形					铣床	
8	钻各孔					钻床	
9	热处理	低温退火					
10	磨外形					工具磨	
11	热处理	淬火 38~42HRC					
12	试模						
13	氮化						
14	钳工修配					钳台	

表 4-31 垫脚制造工艺过程

零件图号		HTYZM-16		零件名称		垫脚	
工序号	工序名称	工 序 内 容				设备	备注
1	下料	386mm×136mm×106mm				锯床	
2	刨方					刨床	
3	磨基准面					磨床	
4	划线					钳台	
5	铣外形					铣床	
6	钻孔	钻各孔、攻螺纹				钻床	
7	磨削	磨上、下平面及台阶面				磨床	
8	配作销孔					钳台	

表 4-32 顶固板制造工艺过程

零件图号		HTYZM-17		零件名称	顶固板	
工序号	工序名称	工 序 内 容			设备	备注
1	下料	386mm×246mm×30mm			锯床	
2	刨方				刨床	
3	磨基准面				磨床	
4	划线				钳台	
5	钻孔	钻各孔、攻螺纹			钻床	
6	配作销孔				钳台	
7	平磨上、下面				磨床	

表 4-33 推板制造工艺过程

零件图号		HTYZM-19		零件名称	推板	
工序号	工序名称	工 序 内 容			设备	备注
1	下料	386mm×246mm×30mm			锯床	
2	刨方				刨床	
3	磨基准面				磨床	
4	划线				钳台	
5	铣削	铣外形、钻孔,铰"$4\times\phi12_{\ 0}^{+0.018}$"孔			铣床	
6	热处理	淬火 43~48HRC				
7	磨削	磨上、下面			磨床	

表 4-34 摆钩制造工艺过程

零件图号		HTYZM-22		零件名称	摆钩	
工序号	工序名称	工 序 内 容			设备	备注
1	下料	ϕ54mm×109mm			锯床	
2	锻造	128mm×68mm×26mm				
3	热处理	退火				
4	刨方				刨床	
5	磨基准面				平磨	
6	划线				钳台	
7	铣削	铣外形,钻孔			铣床	
8	热处理	淬火 50~55HRC				
9	磨削	磨外形及上、下表面			工具磨	
10	试模					
11	钳工修配				钳台	

表 4-35 斜楔制造工艺过程

零件图号		HTYZM-26	零件名称		斜楔
工序号	工序名称	工 序 内 容		设备	备注
1	下料	φ40mm×75mm		锯床	
2	锻造				
3	热处理	退火			
4	刨方			刨床	
5	磨基准面			平磨	
6	划线			钳台	
7	铣削	铣外形,钻孔		铣床	
8	热处理	淬火			
9	磨外形			工具磨	
10	试模				
11	钳工修配			钳台	

4.2 型腔模的装配

4.2.1 装配技术要求

型腔模包括压缩模、注塑模、锻模及合金压铸模等。其装配的技术要求见表 4-36。

表 4-36 型腔模装配技术要求

序号	项 目	技 术 要 求
1	模具外观	①装配后的模具闭合高度、与压力机床的各配合部位尺寸、顶出板顶出形式、开模距等均应符合图样要求及所使用设备条件 ②模具外露非工作部位棱边均应倒角 ③大、中型模具均应有起重吊孔、吊环供搬运用 ④模具闭合后,各承压面(或分型面)之间要闭合严密,不得有较大缝隙 ⑤零件之间各支承面要互相平行,平行度允差在 200mm 范围内不应超过 0.05mm ⑥装配后的模具应打印标记、编号及合模标记
2	成形零件及浇注系统	①成形零件、浇注系统表面应光洁,无塌坑、伤痕等弊病 ②成形有腐蚀性塑料零件时,其型腔表面应镀铬、打光 ③成形零件尺寸精度应符合图样规定的要求 ④互相接触的承压零件(如互相接触的型芯,凸模与挤压环,柱塞与加料室)之间,应有适当间隙或合理的承压面积及承压形式,以防零件间直接挤压 ⑤型腔在分型面处、浇口及进料口处应保持锐边,一般不得修成圆角 ⑥各飞边方向应保证不影响工件正常脱模
3	斜楔及活动零件	①各滑动零件配合间隙要适当,起止位置定位要正确。镶嵌紧固零件要紧固安全可靠 ②活动型芯、顶出与导向部位运动时,滑动要平稳,动作可靠灵活,互相协调,间隙要适当,不得有卡紧和感觉发涩等现象
4	锁紧及紧固零件	①锁紧作用要可靠 ②各紧固螺钉要拧紧,不得松动,圆柱销要销紧

续表

序号	项目	技术要求
5	顶出系统零件	①开模时顶出部分应保证顺利脱模,以方便取出工件及浇注系统废料 ②各顶出零件要动作平稳,不得有卡住现象 ③模具稳定性要好,应有足够的强度,工作时受力要均匀
6	加热及冷却系统	①冷却水路要通畅,不漏水,阀门控制要正常 ②电加热系统要无漏电现象,并安全可靠,能达到模温要求 ③各气动、液压、控制机构动作要正常,阀门开关要可靠
7	导向机构	①导柱、导套要垂直于模座 ②导向精度要达到图样要求的配合精度,能对定模、动模起良好的导向、定位作用

4.2.2 各类型腔模装配特点

模具的质量取决于零件加工质量与装配质量。而装配质量又与零件精度有关,也与装配工艺有关。各类型腔模的装配工艺视模具结构和零件加工工艺的不同而有所不同。各类型腔模装配要点见表4-37。

表4-37 各类型腔模装配要点

模具类型	装配步骤	装配要点
热固性塑料移动压缩模	1. 修刮凹模	①用全部加工完并经淬硬的压印冲头压印、锉修型腔凹模 ②精修型腔凹模配合面及各型腔表面到要求尺寸,并保证尺寸精度及表面质量要求 ③精修加料腔的配合面及斜度 ④按划线钻、铰导钉孔 ⑤外形锐边倒圆角,并使凹模符合图纸尺寸及技术要求标准 ⑥热处理淬硬、抛光研磨或电镀铬型腔工作表面
	2. 修整固定板型孔	①上固定板型孔,用上型芯压印锉修;下固定板型孔,用压印冲头压印锉修成形或按图样加工到尺寸 ②修制型孔斜度及压入凸模的导向圆角
	3. 将型芯压入固定板	①将上型芯压入上固定板,下型芯压入下固定板 ②保证型芯对固定板平面的垂直度
	4. 修磨	按型芯与固定板装配后的实际高度修磨凹模上、下平面,使上、下型芯相接触,并使上型芯与加料腔相接触
	5. 复钻并铰导钉孔	在固定板上复钻导钉孔,并用铰刀铰孔到尺寸
	6. 压入导钉	将导钉压入固定板
	7. 磨平固定板底平面	将装配后的固定板底平面用平面磨床磨平
	8. 镀铬、抛光	拆下预装后的凹模、拼块、型芯,镀铬抛光,使其达到$R_a=0.20\mu m$以下
	9. 总装配	按图样要求,将各部件及凹模、型芯重新装入,并装配各附件
	10. 试压	用压机试压,边压制边修整,直到试压出合格塑件为止

续表

模具类型	装配步骤	装配工艺要点
热固性塑料注塑模	1. 同镗定模座板、动模板导柱、导套型孔	①将预先按划线加工好的定模座板及定模板配制好,钻导柱、导套型孔 ②采用辅助定位块,使动模与定模板合拢,在铣床上同镗导柱、导套孔,并锪台阶及沉坑
	2. 装配导柱及浇口套	清除导柱孔的毛刺,钳工修整各台肩尺寸。压入浇口套及导柱(导柱、导套压入最好二者配合进行,以保证导向精度)
	3. 装配型芯及导套	①清除动模板导套孔毛刺,将导套压入动模板 ②在动模上划线,确定型芯安装位置,并钻各螺孔、销孔 ③装入型芯及销钉
	4. 装滑块	将滑块装入动模,并使其修配后滑动灵活、动作可靠、定位准确
	5. 修配定模板斜面	修配定模板的斜面与滑块,使其紧密配合
	6. 装楔块	装配后的楔块与滑块密合
	7. 镗制限位导柱孔及斜销孔	在定模座板上用钻床镗到尺寸要求
	8. 安装斜销及定位导柱	将定模拼块套于限位导柱上进行装配
	9. 安装定位板及复位杆	推板复位杆孔及各螺孔,一般通过复钻加工
	10. 总装配	按图纸要求,将各部件装配成整体结构
	11. 试模,修正推杆及复位杆	将装配好的模具在相应机床上试压,并检查制品质量和尺寸精度,边试边修整,并且根据制品出模情况修正推杆及复位杆的长短
热塑性塑料注塑模	1. 修整定模	以定模为加工基准,将定模型腔按图样加工成形
	2. 修整卸料板的分型面	使卸料板与定模相配,并使其密合。分型面按定模配磨
	3. 同镗导柱、导套孔	将定模、卸料板和动模固定板叠合在一起,使分型面紧密配合接触,然后夹紧,同镗导柱、导套孔
	4. 加工定模与卸料板外形	将定模与卸料板叠合在一起,压入工艺定位销,用插床精加工其外形尺寸
	5. 加工卸料板型孔	用机械或电加工法,按图样加工卸料板型孔
	6. 压入导柱、导套	在定模板、卸料板及动模板上,分别压入导柱、导套,并保证其配合精度
	7. 装配动模型芯	①修配卸料板型孔,并与动模固定板合拢,将型芯的螺孔涂抹红粉放入卸料板型孔内,在动模固定板上复印出螺孔位置 ②取出型芯,在动模固定板上钻螺钉孔 ③将拉料杆装入型芯,并将卸料板、型芯、动模固定板装合在一起,调整位置后用螺钉紧固 ④划线同钻销钉孔,压入销钉
	8. 加工推杆孔及复位杆孔	采用各种配合进行复钻加工
	9. 装配模脚及动模固定板	先按划线加工模脚螺孔、销钉孔,然后通过复钻加工动模固定板各相应孔
	10. 装配定模型芯	将定模型芯装入定模板中,并一起用平面磨床磨平

续表

模具类型	装配步骤	装配工艺要点
热塑性塑料注塑模	11. 钻螺钉孔及压入浇口套	①在定模上钻螺钉孔 ②将浇口套压入定模板
	12. 装配定模部分	将定模与定模座板夹紧,通过定模座板复钻定模销孔,位置合适后,打入销钉及螺钉,固紧
	13. 装配动模并修磨推杆、复位杆	将动模部分按已装配好的定模相配进行装配,并修整推杆、复位杆
	14. 试模	通过试模来验证模具的质量,并进行必要的修整
压铸模	1. 镗导柱、导套孔	将定模座板、定模套板和动模套板叠合在一起,按划线同镗导柱、导套孔
	2. 加工模板外形尺寸	在导柱、导套孔上,压入工艺定位销,并将定模板、动模板、定模套板一起用插床精插外形到尺寸
	3. 加工定模固定板	在定模套板上,按划线加工定模固定孔或滑块槽
	4. 将定模装入定模套板上	将定模按图样要求装配在定模套板中,并磨平两平面,保证定模深度。复钻螺孔及销钉孔。拧入螺钉及打入销钉固紧
	5. 安装动模	①先将型芯压入动模套板中 ②配合装配后的定模,装配动模
	6. 压入导柱、导套	在定模板、动模座及定模座板上,分别压入导柱、导套,并保证配合精度及对装配支承面的垂直度
	7. 安装配件	按图样要求安装滑块、压紧块及其他备件
	8. 试模	通过试模修正浇口、型腔的尺寸,验证模具质量

4.2.3 注塑模装配范例

以图 4-4 为例介绍注塑模装配工艺（表 4-38）。

表 4-38 注塑模装配工艺

工序号	工 序	工 序 说 明
1	精修定模	①定模经锻、刨后,磨削六面,上、下平面留修磨余量 ②划线加工型腔。用铣床铣削型腔或用电火花加工型腔。深度按要求尺寸增加 0.2mm ③用油石修整型腔表面
2	精修动模型芯及动模固定板型孔	①按图样已预加工的动模型芯精修成形,钻铰顶件孔 ②按划线加工动模固定板型孔,并与型芯配合加工
3	同镗导柱、导套孔	①将定模、动模固定板叠合在一起,使分型面紧密接触,然后夹紧,镗导柱、导套孔 ②镗导柱、导套孔,台肩孔
4	复钻螺孔、销孔及推件孔	①将定模与定模板叠合在一起,夹紧后复钻螺孔、销孔 ②将动模板、动模固定板、垫板、支撑板叠合夹紧,复钻螺孔、销孔
5	动模型芯压入动模固定板	①将动模型芯压入动模固定板并配合紧密 ②装配后,型芯外露部分要符合图样要求
6	压入导柱、导套	①将导套压入定模 ②将导柱压入动模固定板 ③检查导柱、导套配合松紧程度

续表

工序号	工　序	工　序　说　明
7	磨安装基准面	①将定模上基准面磨平 ②将动模固定板下基准面磨平
8	复钻推板上的推杆孔	通过动模固定板及型芯,复钻推板上的推杆及顶杆孔,卸下后再复钻垫板各孔
9	将浇口套压入定模板	用压力机将浇口套压入定模板
10	装配定模部分	在定模板、定模上复钻螺孔、销孔后,拧入螺钉和敲入销钉紧固
11	装配动模	将动模固定板、垫板、支撑板、动模板复钻后,拧入螺钉、打入销钉固紧
12	修正推杆及复位杆、顶杆长度	①将动模部分全部装后,使支撑板底面和推板紧贴于定模板。自型芯表面测出推杆、复位杆和顶杆长度 ②修磨长度后,进行装配,并检查各推杆、顶杆的灵活性
13		各部位装配完后,进行试模,并检查制品验证模具质量状况

4.2.4　压铸模装配范例

以图4-36所示压铸模为例介绍其装配工艺(表4-39)。

表4-39　压铸模装配工艺

序号	工　序	工　艺　说　明
1	同镗导柱、导套孔	①将定模座板、定模套板和动模套板叠合在一起,并夹紧 ②同镗导柱、导套孔,并锪出台肩
2	同插各模板	用工艺定位销在已镗好的导柱、导套孔定位,用插床同插定模座板、定模套板和动模套板四侧基准面,使各模板外形插至要求尺寸
3	加工定模固定孔	①以定模套板外形为基准,精插定模固定孔到要求尺寸(留修正量) ②粗铣滑块槽(导轨槽暂不加工),并铣定模固定孔的台肩和紧锁槽到要求尺寸
4	加工定模	①将定模装入定模套板,并磨平两平面到型腔所要求的尺寸 ②退出定模,按尺寸精镗滑块通孔,并精车浇口孔
5	加工滑块槽	以定模为基准,精磨定模套板的滑块槽
6	钻限位螺孔	将定模装入定模套板,配钻固定螺孔,并用螺钉紧固,按划线钻限位螺钉孔
7	装浇口套	①在定模座板上,以外形为基准车削浇口套固定孔,并按划线钻、攻限位螺钉孔 ②将浇口套压入定模座板,并磨平两平面
8	组装型芯、动模套板和推件板	①在动模套板上,以外形为基准加工推件板沉孔,并钻四个推杆孔,同时铣出其他非配合的凹坑和台肩面 ②修正推件板侧面,使底面和侧面与动模套板接触,并按照支撑板上导套孔配钻推件板螺孔 ③在支撑板上安装工艺钻套(钻套内径等于推杆螺纹底孔直径),与动模板叠合,对准推杆孔位置后,将推件板放入沉坑内,用平行夹头夹紧 ④通过工艺钻套配钻推件板的螺孔,取出推件板攻螺纹,并注意垂直度要求 ⑤再将推件板放入动模套板沉坑内,用螺钉紧固 ⑥以定模为基准,在推件板和动模套板上加工型芯孔和铣固定型芯的台肩 ⑦根据型芯精修型芯孔成过渡配合,并保证内形与外形基准的位置尺寸 ⑧钳工修推件板型孔,使其与型芯达到规定的配合精度要求,并将型芯压入动模套板内

续表

序号	工序	工艺说明
9	压入导柱、导套	在定模座板、定模套板、动模套板分别压入导柱、导套
10	修磨	修磨顶面与定模密合
11	组装滑块	组装滑块，并修磨滑块的结合面和台肩面，使两者接触
12	安装楔紧块	安装楔紧块及斜销
13	安装支撑板	①将导套压入支撑板，再将支撑板与动模套板叠合 ②将推杆插入推件板连接后夹紧 ③配钻攻支撑板螺孔和销孔，用螺钉紧固，打入销钉
14	装斜紧块	①修磨限位块斜面，使之与楔紧块斜面吻合 ②用螺钉将限位块固定在动模套板上，调整其位置使斜面与楔紧块密合后紧固螺钉，最后打入销钉
15	安装锁紧钩	①将锁紧钩装入定模套板槽内，旋入定位销 ②闭合定、动模，在锁紧块相接触的情况下，复印出螺孔位置，并钻、攻螺孔 ③把锁紧钩调整到正确位置后紧固螺钉，配钻销钉孔，打入销钉
16	安装斜块	①将定模座板和定模板分开到斜块与锁紧钩斜面相接触 ②在定模座板上复印出螺孔位置，并钻、攻螺孔，使两旁的斜块与锁紧钩同时接触后，将螺钉拧紧
17	安装辅助零件	按装配图安装支架、螺杆、推杆和推板
18	检查	①型芯与定模的型腔、滑块的结合面应同时接触 ②滑块与定模及定模套板应同时保证间隙配合 ③推件板与动模套板的配合应紧密无缝 ④推杆与推件板连接后应保证滑动配合 ⑤两边的锁紧装置应同时锁紧和同时开启

4.3 型腔模的调试

模具在装配以后，必须要经过试模与调整（调试）以对制件的质量和模具性能进行综合考查与检验。

4.3.1 调试的目的与内容

模具调试的目的与内容见表 4-40。

表 4-40 模具调试的目的与内容

项号	项目	说明
1	试模与调整的目的	①发现模具设计及制造中存在的问题，以便对原设计、加工和装配中的工艺缺陷加以改进和修正，制出合格的制品来 ②通过试模与调整，能初步提供产品的成形条件及工艺规程 ③试模与调整后，可以确定前一道工序的毛坯准确尺寸 ④验证模具质量及精度，作为交付生产的依据

续表

项号	项目	说明
2	试模与调整的内容	①将模具安装在指定的压力机上 ②用指定的坯料(及板料)在模具上试压出成品 ③检查成品的质量,并分析其质量缺陷、产生原因。设法修整解决后,试出一批完全符合图样要求的合格成品 ④排除影响生产、安全、质量和操作的各种不利因素 ⑤根据设计要求,确定出某些模具需经试验后,确定工作尺寸(如拉深模首次落料坯料尺寸),并修整这些尺寸,直到符合要求 ⑥经试模,编制制品生产的工艺规范
3	调整后对成品模具的要求	①能顺利地安装在指定压力机上 ②能稳定地制出合格产品 ③能安全地进行操作使用
4	试模与调整注意事项	①试模材料的性能、牌号、厚度均应符合图样要求 ②冲模用的试模材料宽度,应符合工艺图样要求。若是连续模,其试模材料的宽度要比导板间距小 0.1~0.15mm。注塑模试模用的材料在试模前一定要烘干 ③冲模试模用的条料在长度方向上一定要保证平直 ④模具在所需要的设备上试模,一定要固紧,不可松动 ⑤在试模前,首先要对模具进行一次全面检查,检查无误后,才能安装于机器上 ⑥模具各活动部位在试模前或试模中要加润滑剂润滑 ⑦试模使用的压力机、液压机、注塑机、合金压铸机、锻压机械一定要符合要求

4.3.2 模具调试与设计、制造的关系

试模与调整是模具制造中的最后工序。它的主要工作是弥补模具在设计和制造上存在的缺陷以及制出合格零件的试验性生产。因此,模具调整与设计、制造、检验及工艺各部门所发生的关系极为密切。在模具专业工厂及大中型模具生产厂,均设有专门负责调整模具的工段或班组。而小型工厂,则一般由模具制造者与设计、检验部门一起对模具进行试模、调整,根据试模情况,共同决定模具质量。

一副模具投产使用,并制造出合格的制品,都要经过产品(制品)结构设计、尺寸设计、工艺过程设计、工艺选择、模具设计、模具制造等过程。在这些过程中,任何一项工作的疏忽,都会导致生产出不合格产品。因此,模具按图样加工和装配后,在试模与调整的最后工序中,各部门必须共同分析试模与调整中所发现的缺陷,找出解决办法和措施,以使其不仅能生产出合格的制品来,而且能安全稳定地投入生产使用,达到预期的使用效果及经济效益。模具调试与设计、工艺、制造、检验的关系见表 4-41。

表 4-41 模具调试与设计、工艺、制造、检验的关系

项号	项目	说明
1	调试与设计的关系	①模具设计由模具设计部门负责。任何人不能随意更改模具结构及增减零部件数量。但为了便于调整,调整时可在不改变最后尺寸的前提下,在模具原有结构上修整间隙、改变定位方式、修改凸、凹模及成形型芯的外形及内部尺寸,如弯曲模的回弹角、拉深模的圆角及拉深深度、型腔模浇口系统等。以求得合理地调整出完全合乎图样要求的制件为原则 ②在调试时,发现一定要更改设计和更改结构时,必须首先提出更改设计的理由和更改设计方案,与设计部门联系,取得同意后,一起定方案,画出更改后的设计图样,并对模具进行修改和调整 ③设计者一定要将原底图待修改部位改正,以便下次投模时能准确使用

续表

项号	项目	说明
2	调试与工艺的关系	①工艺部门根据设计图样负责制定模具加工工艺以及编制试模材料清单,安排工序 ②调试时,尽量使工艺设计在现有条件下达到设计要求。若因在调整时,按工艺无法调出合格的产品时,要征求工艺设计人员同意后,重新修改
3	调试与制造的关系	①模具在送交调试时,必须经检查员对模具按图样初检合格,并且具有齐全的模具图样、工艺卡及制造中所用的样板和样件 ②在调试时,发现模具零件与图样不符可以退回钳工返修 ③模具中的定位零件,应按图样中规定的要求装配。若图纸无法给定尺寸时,可在调整时,根据调整情况安装定位 ④在图样上规定需调试后淬硬的工作零件,制作者首先应制出非常近似的外形,并打好螺孔。在调整后,由制作者根据试模情况确定尺寸 ⑤模具质量是否合格,应在调试时确定。试验出的合格制品,应交给检查人员去检查、保存
4	调试与检验的关系	①检查员除了负责检查制件和冲模的质量外,应负责分析产生废品的原因及废品责任者,提出预防废品产生、提高产品质量的措施方案 ②检查试模以后的制品,应按产品图样所规定的范围检查 ③在调试时,若发现模具零件报废,要立刻停止调试,并通知设计、工艺及检查、制作人员一起分析原因,找出修复的办法和修复、调整方案,确定报废原因和责任者 ④试模、调整合格后的模具,将样件与模具一起入库备用

4.3.3 注塑模的调试

(1) 注塑模试模与调整前的检查

注塑模试模前的检查内容见表4-42。

表4-42 注塑模试模前检查内容

检查项目	检查内容
模具外观检查	①模具闭合高度、安装于机床的各配合尺寸、顶出形式、开模距、模具工作要求等要符合所选定设备的技术条件 ②大中型模具为便于安装及搬运,应有起重孔或吊环。模具外露部分锐角要倒钝 ③各种接头、阀门、附件、备件是否齐全。模具要有合模标记 ④成形零件、浇注系统表面应光洁,无塌坑及明显伤痕 ⑤各滑动零件配合间隙要适当,无卡住及紧涩现象。活动要灵活、可靠。起止位置的定位要正确,各镶嵌件、紧固件要牢固,不得有松动现象 ⑥模具要有足够的强度,工作时受力要均匀,模具稳定性要良好 ⑦加料室和柱塞高度要适当,凸模(或柱塞)与加料室的配合间隙是否合适 ⑧工作时互相接触的承压零件(如互相接触的型芯、凸模与挤压环、柱塞与加料室)之间应有适当的间隙和合理的承压面积、承压形式,以防工作时零件直接挤压
模具空运转检查	①合模后各承压面(分型面)之间不得有间隙,接合要严密 ②活动型芯、顶出及导向部位运动及滑动要平稳,动作要灵活,定位导向要正确 ③锁紧零件要安全可靠,紧固件不得松动 ④开模时,顶出部分应保证顺利脱模,以方便取出塑件及浇注系统废料 ⑤冷却水要通畅、不漏水,阀门控制要正常 ⑥电加热系统无漏电现象,安全可靠 ⑦各气动、液压控制机构动作要正常 ⑧各附件齐全、使用良好

（2）试模前的准备工作

注塑模试模前的准备工作见表4-43。

表4-43　注塑模试模前的准备工作

项目号	准备项目	准　备　内　容
1	试模材料的准备	①检查试模材料是否符合图样规定的技术要求 ②材料应进行预热与烘干
2	熟悉图样及工艺	①熟悉塑件产品图 ②掌握塑料成形特性、塑件特点 ③熟悉模具结构、动作原理及操作方法 ④掌握试模工艺要求、成形条件及正确的操作方法 ⑤熟悉各项成形条件的作用及相互关系
3	检查模具结构	按图样依据表4-44的检查方法对模具进行仔细检查。无误后，才能安装模具，开始试模
4	熟悉设备使用	①熟悉设备结构及操作方法、使用保养知识 ②检查设备成形条件是否符合模具应用条件及能力
5	工具及辅助工艺配件准备	①准备好试模用的工具、量具、卡具 ②准备一本记录本，以记录在试模过程中出现的异常现象及成形条件变化状况

（3）调整方法

注塑模试模缺陷与调整方法见表4-44。

表4-44　注塑模试模缺陷与调整方法

缺陷类型	产　生　原　因	调　整　方　法
塑件外形残缺、不完整或多型腔时个别型腔填充不满	①注射量不够，加料量及塑化能力不足 ②物料粒度不同或不均 ③多型腔时，进料口平衡不好 ④喷嘴及料箱温度太低或喷嘴孔径太小 ⑤注射压力小，注射时间短，保压时间短，螺杆和柱塞退回过早 ⑥注射速度太快或太慢 ⑦塑料流动性太大 ⑧飞边溢料过多 ⑨模温低，塑料冷却快 ⑩模具浇注系统流动阻力大，进料口位置不当并且截面小 ⑪排气不当，无冷料穴或冷料穴设计不合理 ⑫脱模剂过多，型腔中有水分 ⑬塑料含水分或挥发性物质	①加大注射量和加料量，增加塑化能力 ②改用新物料 ③修整进料口使各型腔进料口形状相同 ④提高喷嘴及料箱温度或更换新的喷嘴 ⑤提高注射压力和延长注射及保压时间 ⑥合理控制注射速度 ⑦选择合适流动性的塑料材料 ⑧使溢料槽变小 ⑨提高模温 ⑩修整进料口，加大截面 ⑪增加或修整冷料穴，使模具得到有效的排气 ⑫适当使用脱模剂，清除型腔内水分 ⑬塑料在使用前要烘干
塑件尺寸变化不稳定	①注射机电气或液压系统不稳定 ②模具强度不足，定位杆弯曲、磨损 ③成形条件（温度、压力、时间）变化，成形周期不一致 ④模具精度不良，活动零件动作不稳定，定位不准确 ⑤模具合模时，时紧时松，易出飞边 ⑥浇口太小，多腔进料口大小不一致，进料不平衡 ⑦塑料加料量不均 ⑧塑料颗粒不均，收缩率不稳定	①调整注射机，使其电气部分、液压系统稳定可靠 ②提高模具强度，更换定位杆 ③控制成形条件，使每一个制品的成形周期稳定一致 ④调整模具，使活动零件动作平稳、定位零件定位准确 ⑤增加锁模力，使合模稳定 ⑥修整浇口、进料口，使其进料合适 ⑦控制加料量，每次定量加料 ⑧更换新的塑料

续表

缺陷类型	产 生 原 因	调 整 方 法
塑件产生气泡	①塑料含水分太大,有挥发性物质存在 ②料温高,加热时间长 ③注射压力小 ④柱塞或螺杆退回早 ⑤模具排气不良 ⑥模具温度低 ⑦注射速度太快 ⑧模具型腔内有水、油污或使用脱模剂不当	①更换新塑料或在使用前烘干 ②降低温度和减少加热时间 ③加大注射压力 ④控制柱塞退回时间 ⑤增设冷料穴,使其排气良好 ⑥提高模具温度 ⑦降低注射速度 ⑧清除模腔水分及油污,合理使用脱模剂
塑件产生凹痕、塌坑或气泡	①进料口太小或数量不够 ②塑件设计不合理,壁太厚或厚薄不均 ③进料口位置不当,不利于供料 ④料温高、模温也高,冷却时间短,易出凹痕 ⑤模温低易出真空泡 ⑥注射压力小,速度慢 ⑦注射保压时间短 ⑧加料及供料不足 ⑨融料流动不良,溢料多	①加大进料口截面积,或增加进料口数量 ②改进塑件设计或在壁厚处增设工艺型孔 ③改进进料口位置 ④降低料温、模温,增加冷却时间 ⑤增加模温 ⑥加大注射压力和速度 ⑦延长保压时间 ⑧加大供料量 ⑨减少溢流槽面积
塑件四周飞边过大	①分型面密合不严,有间隙。型腔和型芯部分滑动零件间隙过大 ②模具强度或刚性差 ③模具各支撑面平行度差 ④模具单向受力或安装时没有被压紧 ⑤注射压力大,锁模力不足或锁模机构不良;注塑机定、动模板不平行 ⑥塑件投影面积超过注塑机所容许的塑制面积 ⑦塑料流动性太大,料温、模温高,注射速度快 ⑧加料量大	①调整模具,使分型面密合,减小型腔、型芯部分滑动零件间隙值 ②重新修整模具,加大强度及刚性 ③重修模具,使各支撑面互相平行 ④重新安装模具 ⑤减少注射压力,增加锁模力,重新调整注塑机 ⑥要换大克量的注塑机 ⑦更换塑料,重新调整注射速度,降低料温、模温 ⑧减少加料量
塑件表面或内部产生明显的细缝	①料温低,模具温度也低 ②注射速度慢、注射压力小 ③进料口位置不当,进料口数量多或浇注系统流程长、阻力太大或料温下降太快 ④模具冷却系统设计不合理 ⑤塑件薄,嵌件过多或厚薄不均,使料在薄壁处汇合出现融接不良 ⑥嵌件温度太低 ⑦塑料流动性差 ⑧模具型腔内有水、润滑剂、脱模剂太多 ⑨模具排气不良 ⑩纤维填料分布融合不均	①提高料温、模温 ②加快注射速度,加大注射压力 ③调整进料口和浇注系统 ④改变冷却通道,使之冷却均匀 ⑤重新改进塑件设计,使之符合工艺性 ⑥嵌件在使用前应预热 ⑦更换流动性好的材料 ⑧清除模具内水分,适量使用润滑剂、脱模剂 ⑨增设排气冷却槽,使之充分排除气体 ⑩改善填料,使之分布均匀

续表

缺陷类型	产生原因	调整方法
塑件表面出现波纹	①料温低,模温、喷嘴温度也低 ②注射压力小,注射速度慢 ③冷料穴设计不合理,里面有冷料未清除 ④塑料流动性差 ⑤模具冷却系统设计不合理 ⑥浇注系统流程长,截面积小,进料口尺寸大小及形状、位置不对,使融料流动受阻;冷却快,出现波纹状 ⑦塑件壁薄,投影面积大,形状复杂 ⑧供料不足 ⑨流道曲折、狭窄、表面粗糙	①提高模温、料温及喷嘴温度 ②提高注射压力,加快注射速度 ③改善冷料穴,清除冷料 ④更换流动性好的塑料 ⑤修整模具冷却系统 ⑥改进浇注系统,并加大截面 ⑦改变塑性设计,使之符合工艺性 ⑧加大供料量 ⑨改修流道,抛光使其表面光洁
塑件表面沿流动方向产生银白色针状条纹或片状云母纹(水痕)	①塑料温度太高,模具温度也高 ②塑料含水分及挥发物 ③注射压力太小 ④料中含有气体,排气不良 ⑤流道进料口小 ⑥模具型腔有水,润滑剂、脱模剂使用太多 ⑦模温低,注射压力小,注射速度低,使融料填充慢,冷却快,易形成银白色或白色反射光的薄层(常有冷却痕) ⑧融料从薄壁流入厚壁时膨胀,挥发物气化与模具表面接触液化成银丝 ⑨配料不当,混入异物或不融料,发生分层脱离	①降低料温、模温 ②烘干塑料 ③加大注射压力 ④改善排气系统 ⑤加大进料口 ⑥清除模具内水分,合理使用润滑剂及脱模剂 ⑦提高模温,加大注射压力和加快注射速度 ⑧改善塑件设计,使厚薄壁均匀过渡,符合工艺性 ⑨配料时注意纯度
塑件翘曲变形	①冷却时间不够,模温高 ②塑件形状设计不合理,厚薄不均,相差太大,强度不足;嵌件分布不合理,预热不足 ③进料口位置不合理,尺寸小;料温、模温低,注射压力小,注射速度快;保压补缩不足,冷却、收缩不均匀 ④动、定模温差大,冷却不均,造成变形 ⑤塑料塑化不均匀,供料不足或过量 ⑥冷却时间短,出模太早 ⑦模具强度不够,易变形,精度低,定位不可靠,磨损厉害 ⑧进料口位置不合理,料直接冲击型芯,两侧受力不均 ⑨模具顶出机构受力不均,顶杆位置布置不合理	①延长冷却时间,降低模温 ②重新修改塑件,使之符合工艺性 ③加大进料口或改变其位置,合理安排注射工艺规程 ④合理控制模温,使动、定模温度均匀 ⑤定量供料 ⑥合理控制出模时间 ⑦修整或重装模具 ⑧调整及改变进料口位置 ⑨调整顶出机构使其作用力均匀

续表

缺陷类型	产生原因	调整方法
塑件产生裂纹	①脱模时顶出不合理,顶出力分布不均匀 ②模温太低或模具受热不均匀 ③冷却时间过长或过快 ④脱模剂使用不当 ⑤嵌件不干净或预热不够 ⑥型腔拔模斜度小,有尖角或缺口,容易产生应力集中 ⑦成形条件不合理 ⑧进料口尺寸过大或形状不合理,产生应力 ⑨塑料混入杂质 ⑩填料分布不均	①调整模具顶出机构,使其受力均匀、动作可靠 ②提高模温,并使其各部受热均匀 ③合理控制冷却时间 ④合理使用脱模剂 ⑤预热嵌件,清除表面杂质 ⑥改善塑件设计或修整型腔拔模斜度 ⑦改善塑件成形条件并严格控制 ⑧改进进料口尺寸及形状 ⑨使用干净塑料,清除杂质 ⑩合理使用填料,搅拌均匀
塑件表面产生黑点、黑条或沿塑件表面有烧伤现象	①料筒不洁或塑料混有杂物 ②模具排气不良或锁模力太大 ③塑料中或型腔表面有可燃性挥发物 ④塑料受潮、水解变黑 ⑤染色不均,有深色物或颜料变质 ⑥塑料成分分解变质	①认真清洗料筒使之干净,检查塑料有无杂质并及时清除 ②合理修整模具排气系统,减小锁模力 ③清理型腔表面,应无杂物及水分存在 ④使用前烘干塑料,去除水分 ⑤合理配料 ⑥采用新材料
色泽不均或变色	①颜料质量不好,搅拌不均匀或塑化不均 ②型腔表面有水分、油污或脱模剂过多 ③塑料与颜料中混入杂质 ④结晶度低或塑件壁厚不均,影响透明度,造成色泽不均	①更换颜料,搅拌均匀,使之与塑料一起塑化 ②清除型腔水分、油污,合理使用脱模剂 ③更新材料 ④改善塑件工艺性
脱模困难	①型腔表面粗糙 ②型腔拔模斜度小 ③模具镶块处缝隙太大 ④模芯无进气孔 ⑤模具温度太高或太低 ⑥成形时间不合适 ⑦顶杆太短,不起作用 ⑧拉料杆失灵 ⑨型腔变形大,表面有伤痕,难脱出制件 ⑩活动型芯脱模不及时 ⑪塑料发脆,收缩大 ⑫塑件工艺性差,不易从模中脱出	①抛光型腔 ②修整型腔,加大拔模斜度 ③重修模具,使之密合 ④增设进气孔 ⑤改善模具温度 ⑥控制成形时间 ⑦加长顶杆 ⑧修整拉料杆 ⑨修整型腔并抛光 ⑩修整活动型芯,及时脱模 ⑪更换塑料 ⑫更新塑件设计,使之符合工艺性
粘模	①浇道斜度不对,没有使用脱模剂 ②同一塑料不同类别相混或塑化不均,混入异物易粘模 ③料温、模温低,喷嘴温度也低,喷嘴与浇口套不吻合或有夹料 ④拉料杆失灵 ⑤模具型腔表面粗糙,有划痕 ⑥冷却时间短 ⑦浇道及主浇道连接部分强度低,浇道直径偏大	①改进浇道斜度,使用脱模剂脱模 ②使用干净塑料,清除异物 ③提高料温、模温及喷嘴温度,使喷嘴及浇口吻合 ④更换拉料杆 ⑤抛光型腔表面 ⑥延长冷却时间 ⑦改善浇道强度或更换新浇道

续表

缺陷类型	产　生　原　因	调　整　方　法
塑件透明度低	①模温、料温均低,融料与型腔表面接触不良 ②模具型腔表面粗糙,有水或油污 ③脱模剂太多 ④料温太高,使料分解变质 ⑤塑料有水分及杂质 ⑥模具型腔粗糙	①提高模温、料温 ②抛光及清洁模具型腔表面 ③合理使用脱模剂 ④降低料温 ⑤烘干塑料,清除杂质 ⑥抛光型腔表面
塑件表面不光泽、发乌、有伤痕	①型腔表面不光洁、粗糙 ②型腔内有杂质、水或油污 ③脱模剂使用太多或选用不当 ④塑料含水分及挥发物质 ⑤塑料及颜料分解、变质,流动性差 ⑥料温、模温均低,注射速度慢 ⑦模具排气不良,融料中有充气 ⑧注射速度快,进料口小,使融料气化,呈乳白色薄层 ⑨供料不足,塑化不良 ⑩塑料混入异物 ⑪拔模斜度小 ⑫料温、模温忽高忽低 ⑬操作时擦伤表面	①镀铬、抛光 ②每次注射前都要清理型腔 ③合理选用及使用脱模剂 ④烘干塑料 ⑤更换塑料 ⑥改善工艺条件 ⑦改善模具排气系统 ⑧降低注射速度,使进料口加大 ⑨合理定量供料 ⑩改换材料 ⑪加大拔模斜度 ⑫合理控制模温、料温 ⑬按工艺规程操作

4.3.4　压铸模的调试

压铸模装配完成后,必须要经过试模合格方可交付使用。试模的过程,就是发现模具设计和制造中的问题,对原模具加以改进和修正,同时调整压铸工艺参数,初步确定成形条件的过程。

(1) 压铸模试模工艺过程

压铸模试模工艺过程见表4-45。

表 4-45　压铸模试模过程

序号	试模过程	工　艺　说　明
1	检查、调整设备	①对压铸机上所有用来控制电、液阀的行程开关,根据压铸工艺的需要,调整到适当的位置 ②根据压铸合金材料、压射冲头材料和直径大小以及操作循环时间对热量的影响,按压铸机床说明书选择适当的冲头与压室的配合间隙 ③按工艺规程调整压射速度(冲头速度)和回程速度 ④按工艺规程调整压射力,并合上模具,在压室内垫入直径比压室内径略小的厚度大于20mm的木块或干净棉纱等物品,进行压射动作,检查压铸机的压射机构工作是否正常 ⑤按工艺要求调整开模和合模速度
2	准备涂料	根据工艺要求准备涂料
3	加热压铸合金	按工艺要求将合金加热至浇注温度

续表

序号	试模过程	工艺说明
4	模具预热	①采用电热器、煤气或喷灯对模具进行预热 ②预热时,对于不宜烘烤的部位应加以遮挡。注意不要烤坏机床、模具的活动部位和液压抽芯机构 ③在用火焰加热时,火焰不能直接喷射到型腔表面上,只在压铸模外部和非工作部分用火焰直接加热 ④在开始烘烤时,火力不要太猛,以后再逐渐加大。开始加热时应在合模状态下,以使动、定模的膨胀量接近
5	料勺涂上涂料并烘干	①清理浇注用的料勺,不能有杂物 ②将料勺预热至200~300℃ ③将加热的料勺均匀涂上一层涂料,并烘干
6	预热压室和冲头	用喷头或熔融的合金液预热
7	开机试模	①将装好模具的机床先空转数次,检查模具与机床运动是否正常 ②将模具清理干净,涂上涂料并用压缩空气吹匀。首次涂料时,定模型腔应多涂一些,以防第一模金属黏附在模腔内 ③合模,从保温炉中用料勺盛取适合金液注入压室内 ④开机压射,合金充填型腔 ⑤按工艺规程保压一段时间 ⑥开模取出铸件,并清理型腔
8	调整压铸工艺因素(压力、速度、温度、保压时间)	调整压力、速度、温度以及保压时间等,由于各因素互相关联、制约,每调一个,要观察效果,待合适后,再调另一个
9	调节保压时间	对熔点高、结晶温度范围宽的合金厚壁铸件,保压时间要长一些;对熔点低、结晶温度范围窄的合金薄壁零件,保压时间可以短一些
10	试模进给方式	试模时一般采用手动操作

(2) 调整方法

压铸模的调整方法见表4-46。

表4-46 压铸模的调整方法

缺陷类型	产生原因	调整方法
欠铸、铸件部分未成形或型腔充不满	①填充条件不良,浇口位置、导流方式、内浇口数量选择不当,或内浇口截面积过小,形成大的流动阻力 ②金属液及模具温度太低 ③浇料量不足 ④排气不良 ⑤模具型腔内有残留物	①正确选择浇口位置和导流方式,对形状不良的铸件及大铸件宜采用多股内浇口或增大内浇口截面积 ②提高金属液及模具温度 ③加大浇料量 ④增设溢流槽和排气道 ⑤清除残留物
制件表面有接缝,出现冷隔	①金属液温度和模具温度太低,压射比压小 ②内浇口截面积小 ③溢流槽少 ④排气不畅	①提高金属液温度及模具温度,提高冲头速度及压射比压,改善金属的流动性 ②加大内浇口截面积或增加辅助浇口 ③在产生接合缝隙处附近开设溢流槽 ④增设排气道或加多溢流槽

续表

缺陷类型	产生原因	调整方法
飞边过大	①模具制作不良,模具分型面不密合,模具镶块拼合面有缝隙,滑动部分之间的配合间隙太大 ②分型面上有杂物 ③模具安装不正确:模具动、定模安装面不平行 ④机床的锁模装置不良使锁模不均衡,即一边松而另一边紧,致使模具合模时分型面不紧贴	①根据具体情况修整模具,使之合适 ②清除分型面上的杂物,使之密合 ③重新安装模具,使动、定模安装面平行 ④重新调整机床的锁模机构,使之合适
制件变形	①模具的浇注系统和溢流槽布置不合理,致使制件各部冷凝收缩不均,内部残留有内应力,使制件产生变形 ②推杆的推力不均衡	①调整浇注系统和溢流槽的布置,减少铸造应力 ②改善制件顶出条件,做到均衡推出
制件表面有擦伤	①合金黏附模具型腔,脱模时黏附部位拉伤其他表面 ②模具制作不良,型芯或型腔斜度过小或有倒锥,表面太粗糙,有刮伤痕迹 ③制件推出偏斜	①合理地修整浇口,尽可能使金属流平行于型腔壁流动 ②修整模具,并进行抛光 ③调整推杆,使推杆受力平衡
制件产生裂纹	①合金的成分不纯,杂质过多 ②模具制作不良,成形零件表面质量不好或装配不稳固,有偏斜 ③推出机构不合理,装配后推出机构歪斜或动作不协调	①更换合金,使其纯度提高 ②重新装配模具 ③修整推出机构或重新安装
制件产生凹陷	①合金收缩量大 ②排气不良 ③模具型腔有残留物	①更换合金 ②增设排气槽或溢流槽 ③清除型腔内残留物
制件产生气孔或缩孔	①内浇口的位置不合理或截面积过小,致使通过内浇口后的金属液立即撞击型壁,产生旋涡,气体被卷入金属流中。当内浇口截面积过小时,金属流喷射严重,引起气孔 ②溢流槽位置不对或容量不足,在铸件凝固过程中金属补偿不足而引起缩孔 ③排气不良,排气道位置不对或截面积过小	①修整内浇口截面积或位置 ②调整溢流槽位置 ③调整排气道位置或加大排气道截面积
压铸制件表面有花纹并有金属流痕迹	①内浇口通往型腔进口处流道太浅 ②压射比压太大,致使金属流速太高,引起金属液飞溅	①加深内浇口流道 ②减小压射比压
制件表面有细小凸瘤	①型腔表面有划痕和凹坑、裂纹 ②表面粗糙	①更换型腔或修补 ②抛光型腔表面
制件结构疏松,强度低	①压力机压力不够 ②内浇口太小 ③排气孔堵塞	①更换压力大的压力机 ②加大内浇口 ③清理排气孔

续表

缺陷类型	产 生 原 因	调 整 方 法
制件内有杂质	①金属液不清洁,含杂质 ②合金成分不纯 ③模具型腔不干净	①浇注时把杂质及渣清除掉 ②更换成分纯度高的合金 ③清理型腔
压铸过程中有金属液溅出	①动、定模密合不严,间隙较大 ②锁模力不够 ③压力机动、定模板不平行	①重新安装模具 ②加大锁模力 ③调整压力机,使动、定模板相互平行

(3) 试模与调整时的注意事项

① 压力机应按说明书进行调整。
② 试模操作时,不得站在模具分型面空间范围内,以免金属液体飞溅伤人。
③ 机床打开时,不得将身体探入模具分型面内的空间中。
④ 模具上和压室口处,不得放置工具。
⑤ 试模结束后,必须关闭总开关,以免发生事故。

4.3.5 试模后的模具验收

模具在试模后,应按模具的技术条件、合同内容进行验收。其验收范围包括:
① 模具的外观检查。
② 尺寸检查。
③ 试模和制件检查。
④ 质量稳定性的检查。
⑤ 模具材质及热处理要求检查。

检查部门应按模具图样和技术条件进行全面检查验收,并将检查部位、检查项目、检查方法等内容逐项填入模具验收卡,以便交付用户使用。

试模后模具的验收项目见表4-47。

表 4-47 试模后模具验收项目

模具类型	验收项目	验 收 说 明
冷冲模具	模具性能	①模具各系统紧固可靠,活动部分灵活平稳、动作协调,定位准确。能保证稳定正常工作,能满足正常批量生产的需要 ②卸件正常,容易退出废料,条料送进方便 ③成形零件刃口锋利,表面粗糙度等级高 ④导向系统良好 ⑤各主要受力零件有足够的强度及刚性 ⑥模具安装平稳性好,调整方便,操作安全 ⑦消耗材料少 ⑧配件齐全,性能良好
型腔模具	模具性能	①各工作系统紧固可靠,活动部分灵活平稳、动作协调。定位起止正确,能稳定正常工作,满足成形要求及生产效率 ②脱模良好 ③嵌件安装方便、可靠 ④各主要零件受力均匀,有足够的强度及刚性 ⑤对成形条件及操作要求不需高,便于投入生产 ⑥模具安装平稳性好,调整方便,工作安全可靠 ⑦加料、取料、浇注金属及取件方便,消耗材料少 ⑧配件、附件齐全,使用性能良好

续表

模具类型	验收项目	验 收 说 明
型腔模具	制品质量	①尺寸、表面粗糙度符合图样要求 ②形状完整，表面光洁、平滑，无缺陷及弊病 ③顶杆残留凹痕不得太深 ④飞边不得超过规定 ⑤成批生产时，能保证质量稳定，性能良好

附 录

附录1 常用切削用量表

附表1 常用材料的切削速度

工件材料	切削速度/r·min⁻¹	
	高速钢刀具	硬质合金刀具
易切削钢	30~46	122~183
低碳钢	18~27	91~166
中碳钢	15~24	69~122
高碳钢	12~21	46~76
中碳合金钢	12~21	46~107
不锈钢	9~12	30~91
铝	91~244	305~610
黄铜	61~122	152~244
青铜（冷轧）	20~40	61~122
灰铸铁	15~24	76~107
渗碳合金钢	12~21	46~107

附表2 每齿进给量   mm·z⁻¹

刀具类型	铝		青铜		铸铁		易切削钢		合金钢	
	高速钢	硬质合金	高速钢	硬质合金	高速钢	硬质合金	高速钢	硬质合金	高速钢	硬质合金
平面铣刀	0.178~0.508	0.178~0.508	0.127~0.356	0.102~0.305	0.102~0.406	0.152~0.508	0.076~0.305	0.102~0.406	0.051~0.203	0.076~0.336
螺旋铣刀	0.152~0.457	0.152~0.406	0.076~0.279	0.076~0.254	0.102~0.330	0.102~0.406	0.051~0.254	0.076~0.330	0.051~0.178	0.076~0.254
三面刃铣刀	0.102~0.330	0.102~0.305	0.076~0.203	0.076~0.178	0.051~0.229	0.076~0.304	0.051~0.178	0.076~0.229	0.025~0.127	0.051~0.203
立铣刀	0.076~0.279	0.076~0.254	0.076~0.178	0.051~0.152	0.051~0.203	0.076~0.254	0.025~0.152	0.051~0.203	0.025~0.102	0.051~0.102
铲齿铣刀	0.051~0.178	0.051~0.152	0.025~0.102	0.025~0.102	0.025~0.127	0.051~0.152	0.025~0.102	0.051~0.127	0.025~0.076	0.025~0.102
圆盘锯	0.051~0.127	0.051~0.127	0.025~0.076	0.025~0.076	0.025~0.102	0.051~0.152	0.025~0.076	0.025~0.102	0.013~0.051	0.025~0.102

附表3 高速钢钻头速度   m·min⁻¹

材料	切削速度	材料	切削速度
低碳钢	27	合金钢	15
铝	91	黄铜和青铜	37
铸铁	21		

附表 4　高速钢铰刀铰孔速度　　　　　　　　　　　　　　　　　　　　m・min^{-1}

工件材料	铰孔速度	工件材料	铰孔速度
铝及其合金	40~61	低碳钢	15~21
黄铜	40~61	中碳钢	12~15
青铜(高强度)	15~21	高碳钢	11~12
软铸铁	21~30	合金钢	11~12
硬铸铁	15~21		

附表 5　钻孔进给量

钻头直径/mm	进给量/mm・r^{-1}	钻头直径/mm	进给量/mm・r^{-1}
<3	0.025~0.051	12~25	0.178~0.381
3~6	0.051~0.102	>25	0.381~0.635
6~12	0.102~0.178		

附表 6　镗孔进给量

镗孔规格/mm	进给量/min・r^{-1}	镗孔规格/mm	进给量/min・r^{-1}
10	0.10	32	0.18
16	0.13	38	0.20
22	0.15		

附表 7　机用铰孔加工余量　　　　　　　　　　　　　　　　　　　　　mm

铰孔尺寸	加工余量	铰孔尺寸	加工余量
0.8~3.2	0.08~0.15	9.5~13	0.25~0.40
3.2~6.4	0.13~0.23	13~19	0.4~0.8
6.4~9.5	0.18~0.30	19~25	0.8

附表 8　高速钢车刀的切削速度和进给量

工序	低碳钢	退火高碳钢	正火合金钢	铝合金	铸铁	青铜
切削速度/m・min^{-1}						
粗加工	27	15	14	61	21	30
精加工	37	20	18	91	24	40
进给量/mm						
粗加工	0.25~0.50	0.25~0.50	0.25~0.50	0.40~0.80	0.25~0.50	0.25~0.50
精加工	0.08~0.13	0.08~0.13	0.08~0.13	0.10~0.25	0.08~0.25	0.08~0.25

附表 9　高速钢立铣刀的进给量（每齿进给量）　　　　　　　　　　　mm・z^{-1}

工件材料	刀具直径/mm							
	3	6	10	12	20	25	40	50
铝	0.051	0.051	0.076	0.127	0.152	0.178	0.203	0.229
青铜	0.025	0.051	0.076	0.051	0.102	0.127	0.127	0.152
黄铜	0.013	0.025	0.051	0.076	0.076	0.102	0.127	0.127
铸铁	0.013	0.025	0.051	0.064	0.076	0.089	0.102	0.127
低碳钢	0.013	0.025	0.051	0.051	0.102	0.127	0.152	0.178
高碳钢	0.013	0.025	0.051	0.051	0.076	0.076	0.102	0.102
中合金钢	0.013	0.013	0.025	0.025	0.051	0.076	0.076	0.076
不锈钢	0.013	0.025	0.051	0.051	0.076	0.102	0.102	0.127

附表 10 材料去除常数

材 料	硬度（HRC）	材料去除常数 C
钢	150	22
	350	11
铝		88

注：机床功率验算方法：

(1) 刀具功率 P 计算公式为

$$P=\frac{a_p w v_f}{C} \text{ (W)}$$

式中 a_p——切削深度，mm；
  w——切削宽度，mm；
  v_f——进给速度，mm/min；
  C——材料去除常数。

(2) 所需机床功率为

$$N=P/\eta$$

式中 η——机床效率，0.5～0.8。

(3) 查表查机床主电动机功率，验算合格条件为

所需机床功率 N＜机床主电动机功率

附录 2　下料尺寸计算

锻件下料尺寸计算步骤和公式

计 算 步 骤	计 算 公 式	说　明
计算坯料体积 $V_{坯}$	$V_{坯}=KV_{锻}$	$V_{锻}$——锻件体积，根据零件形状和加工余量确定锻件图，即可计算出 $V_{锻}$ K——系数，一般为 1.05～1.10；1～2 火锻成，基本无余面、鼓形时取 1.05，有余面、鼓形时取 1.10，火次增加时，K 取大值
计算圆棒料直径 $D_{计}$	$D_{计}=\sqrt[3]{0.637V_{坯}}$	1. 因需改锻，材料的长径比应不大于 2.5 2. $D_{料}$ 应取现有棒料直径规格中与 $D_{计}$ 最接近的
确定实用圆棒料的直径 $D_{料}$	$D_{料} \geqslant D_{计}$	
计算锯料长度 $L_{料}$	$L_{料}=1.273V_{坯}/D_{料}^2$	

参 考 文 献

[1]　黄毅宏，李明辉. 模具制造工艺学. 北京：机械工业出版社，1999.
[2]　孙凤勤. 模具制造工艺与设备. 北京：机械工业出版社，1999.
[3]　赵家齐. 机械制造工艺学课程设计指导书. 北京：机械工业出版社，2007.
[4]　梅伶. 模具课程设计指导. 北京：机械工业出版社，2007.
[5]　彭建声，吴成明. 简明模具工实用技术手册. 北京：机械工业出版社，2003.
[6]　张龙勋. 机械制造工艺学课程设计指导书及习题集. 北京：机械工业出版社，2006.
[7]　模具制造手册编写组. 模具制造手册. 北京：机械工业出版社，1996.
[8]　许发樾. 模具制造工艺与装备. 北京：机械工业出版社，2003.
[9]　冯炳尧等. 模具设计与制造简明手册. 上海：上海科技出版社，1985.
[10]　模具设计与制造技术教育丛书编委会. 模具制造工艺与装备. 北京：机械工业出版社，2003.
[11]　模具实用技术丛书编委会. 模具制造工艺装备及应用. 北京：机械工业出版社，2002.
[12]　甄瑞麟. 模具制造技术. 北京：机械工业出版社，2005.
[13]　甄瑞麟. 模具制造工艺学. 北京：清华大学出版社，2005.
[14]　甄瑞麟. 模具制造实训教程. 北京：机械工业出版社，2006.

欢迎订购化学工业出版社模具类图书

书　　　名	书　号	定价/元
冲压模具设计及实例精解（附光盘）	978-7-122-02190-8	38
模具专业课程设计指导丛书——冲压模具课程设计指导与范例	978-7-122-01923-3	32
UG 冲压模具设计与制造（附光盘）	978-7-122-01902-8	52
Pro/E 冲压模具设计与制造（附光盘）	978-7-122-01942-4	55
Pro/E 注塑模具设计与制造（附光盘）	978-7-122-01459-7	56
模具工工作手册	978-7-122-00145-0	25
模具机械加工工艺分析与操作案例	978-7-122-01013-1	18
模具数控铣削加工工艺分析与操作案例	978-7-122-01048-3	22
模具数控电火花成形加工工艺分析与操作案例	978-7-122-01449-8	18
模具数控电火花线切割工艺分析与操作案例	978-7-122-01461-0	18
冲压模具技术问答	978-7-122-01405-4	22
Pro/ENGINEER Wildfire 3.0 模具设计基础与实例教程（附光盘）	978-7-122-00888-6	39
塑料模具设计与制造过程仿真（本书配有光盘）	978-7-5025-9961-4	48
现代模具制造	978-7-122-00126-9	28
金属体积成形工艺及模具	978-7-122-00026-2	28
模具制造基础	978-7-5025-9909-6	20
模具加工与装配	978-7-5025-9956-0	30
塑料成形工艺与注塑模具	978-7-5025-9937-9	30
液态模锻与挤压铸造技术	978-7-5025-9853-2	62
模具识图与制图	978-7-5025-9954-6	22
冲压工艺及模具	978-7-5025-9947-8	30
冲模设计实例详解	978-7-5025-9922-5	23
特种成形与制模技术	978-7-5025-9480-0	35
楔块模图册	978-7-5025-9329-2	32
UG 注塑模具设计实例教程	978-7-122-00297-6	28
Pro/E 注塑模具设计实例教程	978-7-122-00337-9	28
Pro/E 模具数控加工实例教程	978-7-122-00738-4	32
UG NX4.0 注塑模设计实例——入门到精通	978-7-5025-9352-0	38
UG NX4.0 级进模设计实例——入门到精通（附送光盘一张）	978-7-5025-9738-2	38
模具表面处理与表面加工	978-7-5025-9014-7	68
冲压成形工艺及模具	978-7-5025-9152-6	26
高速冲压及模具技术	978-7-5025-9708-5	35
UG NX3.0 注塑与冲压级进模具设计案例精解	7-5025-9227-X	65
模具设计及 CAD	7-5025-8673-3	48
金属材料成形与模具	7-5025-8765-9	32
现代冷冲模设计基础实例	7-5025-8716-0	27
压铸工艺及模具设计	7-5025-8381-5	22
塑料模具设计与制造	7-5025-8189-8	88
Pro/ENGINEER Wildfire 2.0 钣金零件及其成形模具设计	7-5025-8351-3	39

模具识图与制图	7-5025-8276-2	35
数控模具加工	7-5025-8188-X	24
陶瓷制品造型设计与成形模具	7-5025-8259-2	49
锻造模具简明设计手册	7-5025-8104-9	55
挤压模具简明设计手册	7-5025-8237-1	33
金属板料成形及其模具设计实例(原著第1版)	7-5025-8101-4	28
塑料成形模具	7-5025-7969-9	23
UG注塑模具设计与制造(附光盘)	7-5025-7697-5	48
模具技术基础	7-5025-7952-4	29
冲压模具设计与制造	7-5025-7976-1	24
现代模具制造技术	7-5025-7428-X	38
Pro/ENGINEER塑料模具数控加工入门与实践(附光盘)	7-5025-7281-3	58
注塑模具典型结构图例——复杂·精密·高效·长寿命	7-5025-7161-2	50
冲压模具设计结构图册	7-5025-6871-9	58
现代模具设计	7-5025-7052-7	32
模具制造技术	7-5025-7045-4	25
塑料模具钢应用手册	7-5025-6842-5	28
冷冲压成形工艺与模具设计制造	7-5025-6683-X	42
模具寿命与失效	7-5025-6543-4	25
注塑模设计与生产应用	7-5025-6636-8	39
注射模具130例(原著第三版)	7-5025-6277-X	58
塑料机械维修技术问答	7-5025-6307-5	29
塑料加工和模具专业英语	7-5025-6003-3	39
模具设计与制造实训教程	7-5025-5870-5	29
模具工程(第二版)	7-5025-6208-7	78
冲压模具简明设计手册	7—5025-6233-8	66
反应挤出——原理与实践	7-5025-2140-2	25
注射模具的热流道	7-5025-6305-9	38
注射和挤出成形中的统计过程控制——SPC	7-5025-6348-2	32
大型注塑模具设计技术原理与应用	7-5025-6018-1	40
电火花加工技术在模具制造中的应用	7-5025-5811-X	35
挤压工艺及模具	7-5025-5727-X	28
冲压模具与制造	7-5025-5400-9	55
注塑成形与设备维修技术问答	7-5025-5379-7	28
模具数控加工技术及应用	7-5025-5286-3	40
Pro/ENGINEER塑料模具设计入门与实践	7-5025-4975-7	45
塑料注射模具设计技巧与实例	7-5025-4972-2	56
模具CAD/CAM	7-5025-4287-6	20
型腔模具设计与制造	7-5025-4074-1	45
冲压模具设计与制造	7-5025-4289-2	38
经济冲压模具及其应用	7-5025-4639-1	24

注塑制品与注塑模具设计	7-5025-4460-7	30
注射模具制造工程	7-5025-4194-2	50
注塑成形及模具设计实用技术	7-5025-3741-4	35
数字化模具制造技术	7-5025-3204-8	26

以上图书由**化学工业出版社 机械·电气分社**出版。如要以上图书的内容简介和详细目录,或者更多的专业图书信息,请登录 www.cip.com.cn。如要出版新著,请与编辑联系。

地　　址:北京市东城区青年湖南街13号 (100011)

购书咨询:010-64518888 (传真:010-64519686)

编辑电话:010-64519274

投稿邮箱:qdlea2004@163.com